JN328383

九州大学出版会

土居義岳〔編〕

21世紀のヒューマニズムをもとめて

絆の環境設計

扉：2012 年 9 月の宮城県南三陸町志津川の風景

絆の環境設計——21世紀のヒューマニズムをもとめて——

絆の環境設計——21世紀のヒューマニズムをもとめて——●目次

はじめに

「絆」について語られるようになったのは東日本大震災がきっかけだが、もちろんそれ以前からこの概念は言及されている。たとえば『岩波講座　宗教』第六巻「絆――共同性を問い直す」（二〇〇四）においては、現代の宗教の危機のなかで、他者との関係を結んだりつなげたりすることの根源的な宗教性が論じられており、その視野のなかにはもちろんソーシャル・ネットワークのようなテクノロジーもはいっている。このことは「絆」には震災復興のみならず、それをも含むより広い文脈があることを示している。おそらく社会の近代化そのものがそうであろうし、大戦、大災害、そして新自由主義経済の危機なども含む景気循環でさえ、人と人びとと社会、人と自然、あるいは人と神、それらの関係を再構築するという課題に直面する機会なのであろう。そもそも近代はそのように危機と再構築をみずからのシステムのなかに内包しているといえる。

そこでやや我田引水的なのであるが、一九六〇年代におけるある種の近代文明の危機への反省から誕生したのが芸術工学であり、この環境設計であったことを想起してみよう。環境設計とは、緑地や都市や建築といったフィジカルなものの整備をとおして、そのような絆、共同性、関係性を調節し、ときには再構築しようとする試みである。このような意味で、ほぼ半世紀のちのこの危機の時代に環境設計はどのような絆を考えようとするのか。その構想をすこしでも描くために二〇一二年度の九州大学公開講座において市民のみなさまとともに論考をこころみた。

土居義岳

第1部　アクティビティを共有すること

二〇一二年一〇月一一日　冷泉荘*

*福岡市博多区にあるリノベーションミュージアム。

この公開講座の第一部の根底にある発想は、コミュニティや地域社会などは、はじめから実体としてゆるぎなくあるのではなく、人びとがつねに共通の営みにむかって協働することで維持されてゆくようなものであろう、ということである。

谷正和は人類学が専門である。バングラデシュやネパール、最近ではスペインをフィールドにして調査や研究をしている。ヒ素汚染の対策だとか、貧困問題あるいは縮小社会、老齢化社会における生活圏のデザインということに関心がある。そこに共同体や、社会のレベルでの絆、さらには援助団体という外部との関係がクローズアップされる。

田上健一は建築計画と建築設計が専門である。おもにユーザー参加型の設計、建築ワークショップ、それからアメリカ軍基地関連の住宅、フィリピンのグリーン・アーバニズムやキリスト教篤志家団体が建設管理している住宅地の調査であるとか、たいへん多方面に研究している。今回はワークショップが絆を構築する契機となることを説明していただく。

鵜飼哲矢は建築設計、現代都市研究などが専門である。大学卒業ののちすぐに大プロジェクトを手がけており、丹下健三の建築設計事務所に勤務しているあいだに東京のお台場にあるフジテレビ本社ビルの設計を担当した。また初期から自分の事務所を設立した。ロンドンの建築エリート大学であるＡＡスクールをも修了した。受賞歴、プロジェクト歴もたいへん豊かな、日本を代表する建築家である。

バングラデシュの共同水源

谷　正和

1　絆とは？

わたしは文化人類学が専門です。ここ一五年くらいバングラデシュ[*]の調査をしてきて、そこでの絆に関係する話をしたいと思います。

文化人類学者であり設計家ではないので、「絆の環境設計」とはどういう意味なのか、そこから考えてみました。設計とは、計画とか提案をして、なにかをつくりだすことです。しかしかならずしも芸術的な創作ではなく、現実の社会になにか具体的に関係しているようなものをつくりだすことです。また環境とは、人間の生活が営まれる環境です。家、路地、村、山といったものです。自然もまた、人間の生活を営む広い意味での環境です。だから環境とはコンテクストであり、生活の場です。ですので環境設計とは、人間の生活の場を、よりよいものにするために計画や提案をすることになります。

したがって、絆の環境設計とは、よりよい生活のために絆を設計することでもあります。「絆づくり」です。とりあえず今日はそういう理解にそって、それに関係する話をバングラデシュの経験から話します。

さて「絆づくり」とはいいましたが、そもそも絆をつくることはできるか、ということが問題です。もともと家畜をつないでおく綱のことを「キズナ」というそうですが、この意味では最近は使われません。いまでは、人と人とのつながりです。とくに助け合いだとか、なにかいいことが起こるような予感のするようなつながりが、絆といわれているようです。だからとうぜん、ひとりでは絆はできない。絆は個人のなかではなく、社会に存在するのです。

絆に似た概念として「ソーシャル・キャピタル」*あるいは「社会関係資本」があります。ある社会のなかの信頼関係だとか、ネットワークだとか、掟、規範とか、それらをあわせてそう呼びます。「ソーシャル・キャピタルが低い」とは、たとえば都会のマンションにたくさん人が住んでいるのに、隣の人がだれかも知らない、名前もわからない状態です。「ソーシャル・キャピタルが高い」とは、たとえばどこかの田舎で、みんなおたがいをよく知っていて、だれも悪いこともしないし、鍵をかける必要もまったくない、というような社会の状態です。このように相互信頼が高いと、協調行為が活発化し、共同行為の効果が上がるそうです。ソーシャル・キャピタルに似て、絆が強い社会では、共同でなにかをおこなうことがうまくいきそうです。しっかりした意図を持って絆を設計し、絆づくりをすれば、よりよい環境を生みだし、よい環境設計になると考えられます。

2　バングラデシュの共同利用水源

以上をふまえて、バングラデシュの共同利用水源を継続的に利用するための絆づくりについて話します。

なぜ共同利用水源が必要かというと、バングラデシュだけでなくアジアの多くの地域、大きな川の流域では地下水がヒ素で汚染*されています。これは自然に由来する汚染です。ヒ素が井戸に溶出し、その水を

写真 1　汚染井戸

摂取する人びとのあいだで、慢性ヒ素中毒が発生しています。この健康被害を防ぐには、ヒ素を含まない安全な水を供給する施設が必要です。都心部と違って農村部では水道がありません。そういう場所で共同利用水源をつくりヒ素対策とすることを、バングラデシュの政府、外国の非政府組織、ユニセフやユネスコなどの国際機関が実施しています。このような活動はもう二〇年くらい続いています。

バングラデシュを空から見ると、北西にガンジス川があり、東にブラマプトラ川があり、このふたつの大きな川が交わるところに世界最大といわれるデルタが形成されています。このデルタで、世界最大の環境汚染ともいわれる、地下水ヒ素汚染が起こっています。バングラデシュだけではなくてインド、ネパールも含めて、このガンジス川流域全域で、地下水がヒ素に汚染されています。

バングラデシュでは飲料水の九五パーセントが井戸から汲み上げられる地下水です。この水にヒ素が入っていて、健康被害を引き起こします。おおきく分けてふたつの曝露経路があります。井戸で汲み上げて飲む。あるいは灌漑用の井戸で汲み上げた水のヒ素が、お米とか作物に吸収され、それが食べられる。井戸水を飲むという経路が直接的なんですが、それによって慢性ヒ素中毒が起こります。バングラデシュのある村にある井戸は、ヒ素に汚染されていることを示すために、口が赤く塗られています（写真1）。それでもほかに井戸水がないので飲むことになります。こうした井戸はもともと、池とか川の水を飲むことで起こる感染症を防ぐために一九八〇年代ぐらいから盛んにつくられたものでした。

管を地下水の地層まで深く挿入したものが「管井戸」です。この水は衛生的なので、感染症による死亡率は一〇分の一くらいに低下しました。しかし残念ながら、ある井戸からはヒ素が出てきました。汚染された井戸から水を長期間飲むとヒ素中毒になる。ヒ素中毒症状として、手足の皮膚が硬くなる角化症、色素が沈着し黒子のようなものができる黒斑症などがあります。

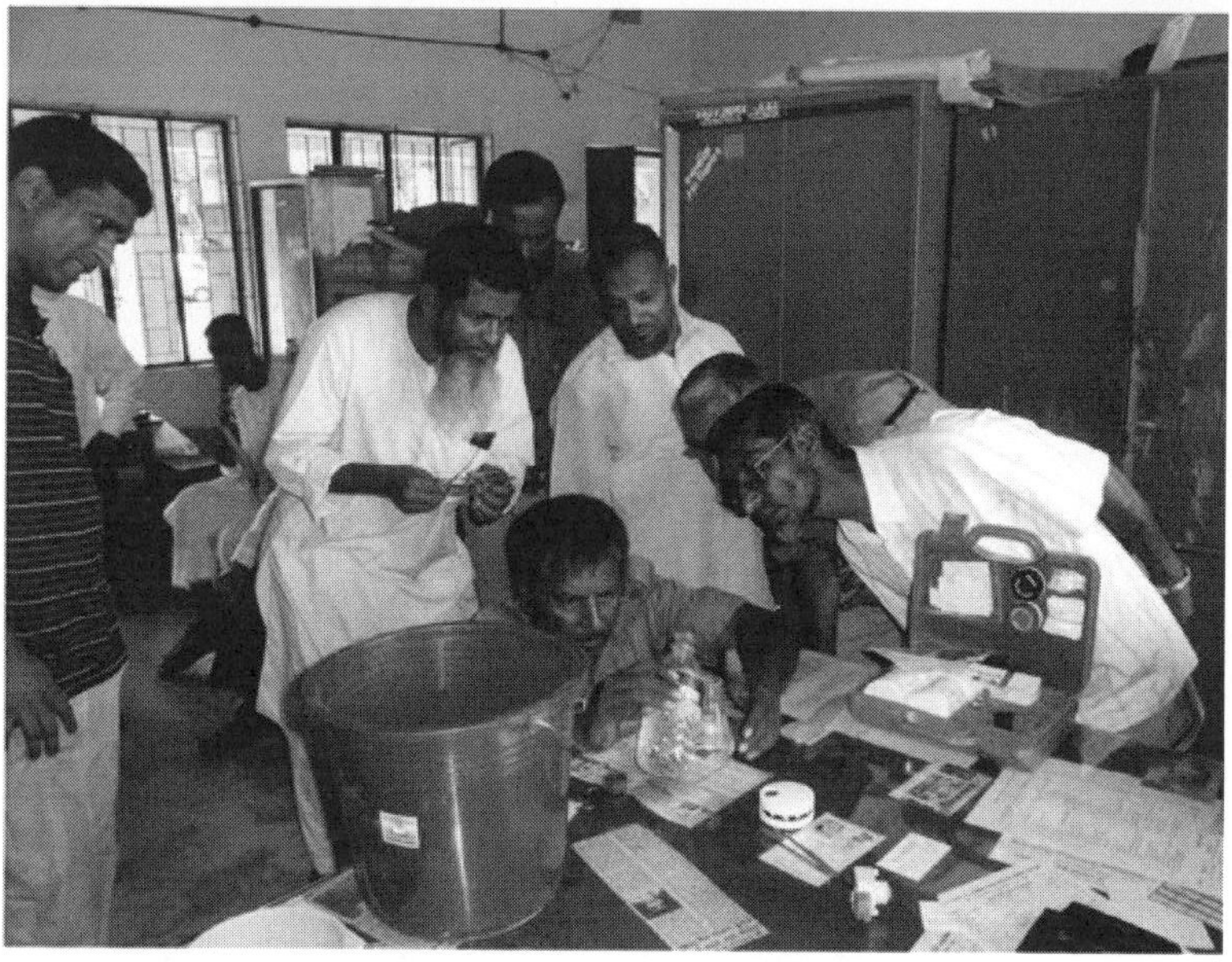

写真２　ポンド・サンド・フィルター
写真３　ヒ素フィールドキット

そうならないために、ヒ素を含まない水源施設を建設するという活動がなされています。「ポンド・サンド・フィルター」とは池の水を汲み上げてろ過する装置です（写真２）。つるべ井戸の水を汲み上げてろ過するものもあります。「ヒ素―鉄除去施設」とは、井戸水を汲み上げ、ろ過によってヒ素を除去し、ヒ素を含まない水が飲めるというような施設です。こうした施設を「代替水源」といいます。ヒ素を含まない水をつくる装置を継続的に使うには、維持管理が必要です。維持管理をするために、利用者が主体的に維持管理をする必要があります。しかし、なかなかそういかない地域もある。だれかがするだろう、自分がしなくてもだれかがすればいいんだ、というような感じで、うまくいかないこともある。みんなが使うことが問題を生んでしまう「共有地の悲劇*」も起こります。

３　ソーシャル・キャピタルとしての絆

それで「ソーシャル・キャピタル」とか「絆」があると、共同行為が比較的うまくいきそうなので、共同利用水源施設をつくるときはまず、利用者組合を組織します。施設を使う主体を立ち上げるのです。つぎに建設負担金を徴収します。これは建設費の一〇パーセントくらいです。たいした金額ではないんですが、お金を出すことで所有者意識ができる、できて欲しいという意図です。施設の維持管理の研修をして、技術的にそういう施設を継続的に使えるようにする。啓発活動をして、ヒ素の危険性、ヒ素の被害を防ぐための方法などについて情報を提供する。利用状況のモニタリングもします。利用者組合の人びとは村の地図を作成し、どこに井戸があり、どこの井戸が汚染されているかをマークし、対策を考えるための道具としています。彼らにはフィールドキット（写真３）で井戸水のヒ素濃度の測り方を講習で教えます。結果としては、「絆」も、「共有地の悲劇」もできます。絆が有効に機能することができて、自主管理で継続的に利用されている施設もある。それは共有財産として管理をされる。そのいっぽうで、ねじが外れた、なにかが折れたといったていどの故障のために、放棄される施設も少なくない。そういう事例が共有地の悲劇です。せっかく援助で設置したものが、半年やそこらで、すぐ使われなくなったものを「援助遺跡」と呼んだりもします。

こうした例をどう評価するか。共同利用水源を整備して、うまくいっているところもあります。しかし絆がつくれているのかは、よくわかりません。うまくいってはいても、絆が形成されたからそうなのか、最初からそこに絆があったからなのか、なんともいえない。いま継続的に維持されている施設と放棄された施設、遺跡化した施設、それを持っていた人たち、集団なり社会が、どう違うのかというのを分析をしていますが、なかなか絆を計測するというのは難しく、明快な分析結果はまだ出ていません。

ひとつだけ判明しているのが、ものごとの運営能力があり主体的に行動する意志のある「いい人」がいると物事がうまくいく、というシンプルなことです。これは日本でも、世界中どこでも同じです。だから、日本のNGOでもいい人がひとりいれば、どんどん活動は進みます。おそらく民主主義ということではなく、牽引者がいればあきらかに、うまくいく。ただそれだけだと計画とはなりません。だから有効な牽引者システムをうまくコントロールできれば、絆の環境設計というのが可能になるはずです。外部から絆をつくるのはおこがましい。しかしキーパーソンがいると続くのはわかっているので、絆の結節点となりうる人を養成するような仕掛けをする、ということが絆づくりの可能性だと思います。

＜キーワード＞

バングラデシュ　インド亜大陸の東部にある国家。一六世紀からムガール王朝領、一八世紀からはイギリスの東インド会社による支配ののち、一八七七年に英領インドに組み込まれた。一九四七年にイギリスからパキスタンの一部（東パキスタン）として独立した。そののちパキスタンから一九七一年にバングラデシュとして独立した。独立運動時に、イスラム教非主流宗派の信者たちが大量に流入するいっぽうで、ヒンズー教徒は流出した。国民の八三パーセントはイスラム教徒、六二パーセントは農民。公用語はベンガル語。議院内閣制であり、大統領を元首とする。

ヒ素汚染　水を媒介とする感染症対策として衛生的な飲料水を供給するため、ユニセフなどが四〇年以上にわたって管井戸を掘って生活用水を供給する事業を展開してきた。しかし一九九三年に地下水にヒ素が含まれていることが発見された。二〇〇三年の調査では、二五〇万の井戸が基準値以上に汚染していることが判明した。ヒマラヤ山脈などにある高濃度のヒ素を含む地層が風化浸食され河川の作用によって堆積し、地下水のなかに溶出することが原因である。

ソーシャル・キャピタル　「社会関係資本」と訳す。社会学や経済学において用いられる。社会のなかの人びとが、協調し、ネットワークを活発にし、信頼関係が良好になるほど、共同行為の効率性は高まるという考え方。概念としては一九世紀末からあるが、とりわけアメリカの草の根都市運動家ジェイン・ジェイコブズが一九六一年の論文でこの概念を使い、さらにフランスの社会学者ピエール・ブルデューが一九七〇年代と八〇年代に定式化したとされている。この概念にもとづいたロバート・パットナムの一九九〇年代以降の活発な研究が契機となり、一般化した。なお「社会資本」とするとインフラなども含むので、意味が異なってくる。

共有地の悲劇　「コモンズの悲劇」ともいう。アメリカの生物学者ギャレット・ハーディンが一九六八年に発表した論文のなかでこの概念を使い、広まった。不特定多数の人びとが資源を共有していると、乱獲された資源は枯渇するにいたるという考え方。経済学においては市場、環境学においては地球環境などにこの概念は適用できる。また「コモン」における共有性を排除したのが囲い込み（エンクロージャ）であり、それが近代の資本制をもたらしたのであるから、その視点から注目する歴史学の立場もある。また「コモン」を共有の緑地などとするのは、イギリスなどでは、伝統的村落にも近代都市計画により計画された住宅地にもあるのは周知のことなので、都市や建築の専門家にとってもなじみやすい論理である。

＜キーブック＞

藤田幸一『バングラデシュ　農村開発のなかの階層変動――貧困削減のための基礎研究』（京都大学学術出版会、二〇〇五）　バングラデシュの農村変容についての研究書。バングラデシュの農村が独立後三〇年あまりのあいだにどう変化してきたか。また、さまざまな国際開発援助が実施されてきた場所としてのバングラデシュにおいて、その援助が農村にどのような影響を与えたかについての論考。

臼田雅之・佐藤宏・谷口晋吉『もっと知りたいバングラデシュ』（弘文堂、一九九三）　バングラデシュ全般の概説書。旅行ガイドのようなタイトルであるが、内容はかなり専門的。バングラデシュの自然、歴史、文化、政治、経済など広範な範囲にわたる内容で、バングラデシュの農村を対象に実施されてきたＪＩＣＡ事業にもとづく記録と分析。バングラデシュの農村の実態を知るための具体的な記述、事例が含まれており、農村のイメージを得ることができる。

川原一之『アジアに共に歩む人がいる――ヒ素汚染にいどむ』（岩波ジュニア新書、二〇〇五）　バングラデシュのヒ素汚染に関する入門書。著者は宮崎県の土呂久鉱山のヒ素汚染、ヒ素被害にはじまり、数十年にわたってヒ素による健康被害の社会問題に取り組んできた。土呂久の経験をアジアに伝え、ヒ素被害の解決をめざす活動の記述。

谷正和『村の暮らしと砒素汚染――バングラデシュの農村から』（ＫＵＡＲＯ叢書第五巻、九州大学出版会、二〇〇五）　バングラデシュのヒ素汚染にかんする研究。バングラデシュのヒ素汚染について、その被害者に焦点を当てて調査、分析のまとめ。だれが被害にあっているか、解決のための安全な水の供給方法など、開発援助の方法論にも触れる。

建築ワークショップ

田上健一

ワークショップ*（写真1）とはみんなで参加して学びや創造をおこない、いっしょに創作したり解決案をさぐることです。そのために相互の理解や合意形成のために工夫し調整することをファシリテーション、そうする人をファシリテーターといいます。そのような「建築ワークショップは地域をつなぐことができるか」を考えたいのですが、現代日本社会ではワークショップやファシリテーション*はかなり一般化しています。わたしは建築計画が専門なので、ワークショップをしたり、その参加者からいろんな質問を受けることがあります。

1　建築ワークショップでよくある質問

よくある質問の第一は「このワークショップは意味があるのですか?」です。つぎは「いろいろ言わせてガス抜きですか?」。三つめは「けっきょく設計者が決めるのでしょ?」。さらに「説教っぽい」という批判。ワークショップの前段として、事例をお見せするとか、建築のつくり方について、すこしだけ話をしますが、それが説教みたいで嫌だといわれたことがあります。最後は極めつけの感想で、「楽しくない」。

写真 1　建築ワークショップにおける建築ボリューム検討作業風景

建築ワークショップは、基本的に建築をつくるためのものです。たとえば平田オリザ*の演劇の手法を使うワークショップはとても楽しいのです。演劇での台詞の使い方を学び、みずから体を動かすワークショップはとても盛り上がります。ところが建築は技術的な側面があるので、専門的な知識が必要な場面となると、ユーザーからは遠く感じられます。それが楽しくないようです。

２　建築ワークショップの問題児

建築の専門家がファシリテーションするうえでのいわゆる問題児たちがいます。まず「声が大きい人」。それから「すべてにたいして文句をいう人」。あとは「ケンカ腰の人」です。これら三タイプはなんとかなります。

しかしやっかいなのは「相手の創造力を奪う人」です。共同作業のとき、参加者が嫌がることをして、さまざまな創造性の芽を摘んでしまうのです。「知りたがらない人」もやっかいです。なぜなら「知ってどうするの」という態度だからです。たとえば、地球環境に関わるCO_2問題のように、そんなことはわかっているが自分でどうにもできないので、べつに知らなくていいし、知ってもどうしようもない、と。

３　創作上のジレンマ

わたしは、かつては一般的ではなかった参加型の設計をまず学びました。クリストファー・アレグザンダー*は、アメリカで活躍する建築家ですが、一般市民が設計に参画する方法論を提案した最初の建築家でした。ロッド・ハックニー*はイギリスの建築家で、コミュニティ・アーキテクチュアのパイオニアです。彼らを手本にし、多くのサンプルを集め、多くのスタディを繰り返しても、ワークショップの意義はなかなか理解してもらえず、二〇年ほど以前はワークショップに参加する人びとは「閑な人」、「なににたいしても文句をいう人」、「ちょっと知識があってそれをひけらかしたい人」でした。最近はワークショップが一般化し、建築家の姿勢も変化しはじめました。

しかし創作上のジレンマも多い。

まず「科学や思想との齟齬」。建築家はきわめて理論的です。現代思想や芸術理論に関心があります。たとえばわたしが若いときには脱構築主義（固定的な思考を解体しようとする思想）に傾倒し、いかに壁や床を分解するかを考えていたし、最近では超ひも理論（微粒子ではなくひもが万物の根本とする物理学の考え方）を用いた連続壁の意味を探っている。しかしワークショップでは、そういった思想をどうしても回避してしまいます。

第二に「創作の喜びの減退」。建築設計とはとてもクリエイティブな行為ですが、さまざまな意見を取り入れるほど平凡になります。尖ったものが丸くなっていくと、建築家のモノをつくる喜びがなくなります。

第三に「コンセプトを形にするときの飛躍」。さまざまなコンセプト（設計の基本的なアイディア）やプロセスがありますが、結局、カタチは建築家の頭と手によって表現されます。そこにはある種の飛躍がある。それがないと、人びとを感動させる建築を生み出すことはできません。

第四に「自分のなかにある公共性との葛藤」。建築家の心のなかで、自分がこだわるカタチを実現したいという思いと、標準的で問題のないカタチすなわち公共性が格闘します。

第五に「敷居の高さの設定」。ワークショップ参加者たちと対峙して、自分がどれくらいの専門家としての高さで望むか。医師と患者のように、専門家とユーザーのやりとりがあります。ぎゃくに医師も患者になることがあるし、教師も生徒になるし、建築家もユーザーになる。それぞれの場面でどのような役割を演じるか、場を判断し、敷居の高さを適切に設定する、ワークショップのファシリテーションにはそれが求められます。

最後に「すべては建築である」という、二〇世紀初頭ウィーンの建築家ハンス・ホライン*の箴言。彼は近代建築の閉鎖性を打破し、メディア、アート、環境などをキーワードにして、建築概念の拡張を主張しようとしました。現代日本の世界的な巨匠建築家である安藤忠雄*や磯崎新*は、「つくらない建築」や「アンビルト」（建設しないこと）という理念に言及しました。彼らは実際には建設しつつも、「つくらないことも建築である」ということも知っている。つまらないものをつくるより、つくらないほうが、まだましという葛藤を建築家は抱えているのです。

4　ワークショップの実践例

わたしはまず宗像市の「玄海小学校」の計画で、小学校と中学校の施設を一体のものとして構想しました。既存の中学校に、小学校を移設して一体化し、小中一貫の教育プログラムを実現しました。しかし小学校と中学校は教員文化がまったく異なるなど、新しくも難解なプログラムでした。

学校計画ワークショップを数多く開催しました。よくやるのは、最初に「土地を理解する」、つぎに「主題を考える」、そして「実際に設計してみる」という方式です。とくに主題を考えること、ことばで思想を表現すること、は重要です。設計の一部を体験してみるということも、参加いただいた多くの人びとからお褒めの言葉をいただきました。教師や保護者、地域住民との「新しい学校を考える」ことを主題としたワークショップ、それから小学生対象も実施しました。後者は総合的学習の一環として位置づけられたので、計画を進めていた建築専門家にとっても有意義でした。

「スペースブロック」という、積み木のような、簡易なボリューム模型をあらかじめ用意し、それを配置させることも有効です。学校建築は機能がはっきりしているので、普通教室、実験室、体育館などのブロックを配置させます。みんなでああでもない、こうでもないとつくっているうちに、さまざまな計画上の課題が顕在化します。

宗像市の「日の里中学校」（写真2）の例では、同様のワークショップをなん十回も実施しました。プログラムは複雑で、「小中連携」、「地域連携」、「教科教室型運営方式」を提案しました。

「小中連携」では当局の政策方針と学校の現場との軋轢で悩まされました。

「地域連携」でも当局と地域住民との軋轢がありました。学校を開放的にするため、一部の道路を歩行者専用とし、地域と関係をつくろうとしました。しかし地域住民は反対しました。その結果、研究室は総出で真夜中もふくめ二四時間連続で交通量調査をしました。共同で考える、作業をするというワークショップの範疇を超えた状況でした。

「教科教室型運営方式」という、教科ごとに専用の教室があり、生徒の自主的な学習意欲を誘発するという、つまり教師が動くのではなくて生徒が動く方式を提案したときには、私と学校の先生はまっこうから対立しました。教師たちは、慣れ親しんだ方式を変更したくないのでした。建築計画学と現場とのギャップは大きかったのです。このように建築ワークショップのもたらす波紋は大きいのです。

いっぽうで成果もたくさんあります。たとえば啓発です。ある保護者は、スペースブロックを配置しながら、ピロティ、ブリッジ、動線、領域など空間を構築するためのキーワードをやすやすと使いこなしました。このような成果は、ワークショップの回数を重ねるごとに如実にあらわれます。

わたし自身もさまざまな状況やプログラムを模型にして考えていきます。プログラミングを参加型とすることで、楽しんでいただけるかなと思っています。

余談ですが、宗像市の日の里中学校の旧校舎には空き教室を使った子育てサロンがあり、地域の三歳未満の子供がいる母親たちが情報交換をしていました。さらに家庭科の先生が、子育てサロンを使って、中学生の子育て体験を授業の一部として取り入れました。思春期の中学生にとっても、孤立しがちな母親にとっても、日常とは異なるコミュニケーションが生まれ、意味のある活動でした。この活動と空間をくわしく調査する過程で、家具のデザインを依頼されたりもしました。文科省の施設基準（学校を計画するときの補助金にかかわる面積などの基準）にはないこのようなスペースを、「ぜひつくりましょう」と当局にも提案して、実際に新校舎に子育てサロンを実現したのは、大成果でした。

新校舎は、四つの地形的段差がある複雑な敷地にあります。それぞれのレベルにそれぞれのテーマを設け、さまざまな中庭をつくりました。ワークショップの成果もかなりの部分で活かされました。

福岡市博多区の景観策定委員に任命されたことがきっかけで「冷泉プロジェクト」という、博多区の冷泉地区におけるまちづくりに参加しました。自治協議会と「建築協定をつくって開発を制御しましょう」とか「歩行空間とはなにか」「歩道での滞留とは」「都市観光」など、活動やワークショップの内容も変化しました。公民館でのワークショップをはじめ、市の施設である「博多伝承ふるさと館」を地域に開く企画をしたり、小学生の夏休みの宿題をみるといった寺子屋のようなことをしたり、建築ワークショップとはすこし違う体験でした。

また、防災まちづくりとして、段ボールで家をつくるワークショップも開催しました。

福津市の「福間保育園」については、建築ワークショップの新しい試みを展開しました。建築ワークシ

写真２　ワークショップにおける要望を実現した中庭（日の里中学校）

ョップ一〇年の経験から、ファシリテーションの知恵もつき、新たな展開も考えました。まず、いわゆるファシリテーションは一方的な関係でよくないので、相互に運営していく「コ・ファシリテーション」が最良だと思います。たとえば「設計をここはこうしてほしい」という依頼があったとき、「わかりました、持ち帰って検討します」とか「わかりました、上司に相談します」ということはできません。その場で糸口を発見しなければなりません。そのためには、お願いする／お願いされるという一方的でない、双方向的なコ・ファシリテーションが良いということがわかってきました。

また「アイスブレイク」という参加者のコミュニケーションを促進するグループワークも、ファシリテーション技術のひとつです。参加者が誕生日ごとに並んだり、なりたかった職業を告白するなど、さまざまな方法があります。わたしたちも一芸を披露すべく日頃から「芸」を磨きます。研究室の学生は毎年交代しますが、ときおり一発芸の披露をやってもらう。こういう細やかなテクニックや気づかいが重要です。

保育所計画の建築ワークショップに携わることが最近多くなりました。問題が多く指摘されている公立の保育所を民営化するという現代的なプログラムです。建築ワークショップ「保育所バージョン」を開発しました。植栽の重要性を再認識したので、スペースブロックの「植栽パーツ」もつくりました。建築と緑の関係を考えていく、緑を建築計画の初期段階から検討する、こういうこれまでにはなかった考え方が経験から培われてきました。

5　建築計画の研究として

ワークショップの成果とアンケートの結果はすべて、かならずニュースレター（写真４）にして、印刷して公開しています。これらの成果は、建築計画の研究データとして解析も続けています。

写真３　ワークショップにおける要望による屋外環境（福岡保育園）

ひとつは、「合意形成のプロセス」。これは、「計画の価値とはなにか」「価値の生成にはどのような仕組みがあるのか」など、重なり合うすべての計画を、ひとつひとつを時系列で並べてみて、どのような空間がどのようなことをきっかけにして、糸口として決定されていくのかについて調べます。

もうひとつは「設計コミュニケーション研究」です。以前、社会学ではエスノメソドロジー*という会話分析が流行した時期がありました。これを応用して、専門家と非専門家の非対称性についても分析します。非対称な関係を、どの水準ならば同じ方向性を共有できるか、が目下のテーマです。ワークショップをビデオ撮影し、どういう場面で、どういう会話や発言で、どういった創造的な発言や行為が生まれるかについて、三分ごと、五分ごとなどにこまかく時間を分割して、分析を進めています。

6　建築ワークショップのポエチカ

ここで主題である建築ワークショップのポエチカ（創作方法）のことをお話しします。最初に、大学の講義で話すような教科書的な参加型建築づくりのお題目について。参加型の本来の目的は「公共建築設計プロセスにおける公開と参加」、そして「建築設計者の役割拡大」です。とくに建築設計者の役割はつねに拡張しています。

参加型建築づくりには、いくつかポイントがあります。

- 関係するすべての人が関わること
- 外部からの継続的サポート
- コミュニティ・デバイスを準備すること
- 評価をすること

GENKAI
Elementary School
Architectural Workshop

NEWS

vol.3

玄海小学校建築ワークショップニュース

10月29日（木）午後7時よりアクシス玄海で「第3回玄海小学校建築ワークショップ」を開催しました。
第1回の成果を思い出しながら、より空間的な話し合いを行いました。
今回も、玄海小学校・中学校の教職員、保護者、田島地区コミュニティ、神湊地区コミュニティの様々な立場の皆様にお集り頂き、たくさんのアイデアや意見を聞くことができました。
お忙しい中のご参加、ありがとうございました！

写真4 各回のワークショップの成果をまとめて配布するニュースレター

建築ワークショップには、できるかぎり多くの関係者に関わってほしい。外部とは、たとえばわたしたちのような専門家、第三者が継続的に建築づくりをサポートしていくことです。建物が竣工したあとも同じです。コミュニティ・デバイスとは、先ほどのスペースブロックや、一芸披露も該当するかもしれません。工夫して、周到に準備して、ユーザーに向き合うことです。最後は評価をする。ワークショップをやりっぱなしではいけない。これらは基本的という意味で教科書的です。

いっぽう最近の建築ワークショップの重要テーマです。まず震災のあとですから、防災や建築構造が話題となります。「この建築構造で大丈夫ですか?」「地震は大丈夫ですか?」「津波がきても大丈夫ですか?」などは当然のやりとりです。つぎはエネルギー問題。省エネはどこでも話題となります。いちばん注目すべきは、共有スペースです。「みんなが集まれる場所がありますか?」や、「どこか全体が俯瞰できるような場所がありますか?」など、さらに具体的になると「ちょっとした会議をしたりご飯を食べたりする場所がありますか?」、「寄り合いながらそういった活動をできるような部屋はないのですか?」とか。以前ならこういった発言はまったくなかったことです。一〇年ほど以前だと、自分の半径五メートル以内のことは考えても、全員で使う部屋は考えが及ばないものだった。それを思い出すと、最近の傾向はとても明るい兆しです。

こうしたワークショップの深化は、日本の社会そのものの進化であり、希望がもてます。中国からの留学生が、「こんな小さな保育所の設計のためにこんな大変なワークショップをやるのですか」と真顔で聞く。「やりますよ。そうやって関係を紡いでいくのです」というと、「民主主義っていいですね」という返答。時間をかけてつくる。そのことで、やっと欧州型の建築づくり、わたしが留学していた時代のイギリスに追いついたのかなと思います。

7　建築ワークショップの理解へ向けてのヒント

建築の専門家が持っている専門知、形式知と、実際の生活者たちが所有している生活知、暗黙知とを融合させることが最重要です。《青森県立美術館》の建築家・青木淳は『原っぱと遊園地』という有名な本のなかで「どうして、小学校としてつくられた建築の方がよい美術館になってしまうのか」と指摘しています。遊園地はそこで、こうやって遊びなさいと決まっていて、究極の機能主義空間です。ところが原っぱは自由な遊び空間です。そんな原っぱのような建築をつくる、というのが青木の建築思想です。

北海道美唄市の《アルテピアッツァ美唄》では、小学校としてつくられた建築が廃校となり、その機能を捨て、改修されてすばらしい美術館になっています。教科書的ないわゆる形式知と体験にもとづく生活知が融合し、いわゆる実践知を創出しています。私たちが使えるすべての知識を用いて、ともにつくってゆくことこそが重要です。

つぎに設計者とユーザーとの関係。対立関係も上下関係もありますが、立場を尊重して、ときには反転させてオープンな議論をするべきです。

そして「おたがいに問い合うこと」が、このことがワークショップ理解にとって重要です。

一般的に誘導型のワークショップは良くないと指摘されます。たとえば設計者が腹案をもちこみ誘導していくのは御法度です。ところがワークショップを繰り返していくと、誘導型はある一定の場面ではじつに有効である。参加者たちがスペースブロックを積極的に動かしているうちはいいが、ちょっと詰まったり、アイディアが出ないときに、「このカタチはどうですか」と助け船を出すと、格段に創造性が広がる。だから誘導型がすべてだめとはいえません。

理解の二番目は、建築家とユーザーの双方にたいして、「ばらばら」という意味の離散的とはちがい、理性が一箇所に集中しているのではなく、さまざまな人間のなかにあり、ネットワークをなしているという意味で「理」散的な建築モデルを提案することです。これは次世代の建築づくりだと思います。たとえば若手の思想家である東浩紀の『一般意志2・0』です。かつて啓蒙主義者ルソーや心理学者フロイトは、人びとが共有している「一般意志[*]」について論考しました。東はその概念を現代化しています。「人びとの無意識を情報技術によって可視化し、デザインの抑止力として使用する」という主張です。原発国民会議のような場で、匿名性のある大量の一般意志を、グーグルのように情報技術を用いて顕在化させるのです。同じようなことが、建築ワークショップでもいえます。参加者が二〇人とか三〇人であっても、情報技術を使うかどうかは別にしても、です。

理知的に散在する。つまり建築を作るときに、建築家が全部を作ってしまうのではなく、一般意志に代表されるように、いろいろな人の考えを拾い、人間と世界の関係をいつも考えるという意味でのホリスティックな関係性のなかで、多様な知恵を絞り、その知恵を空間に理知的に散在させる。「あの人の主張はここにある」、「この部分で活かされている」など。こうした理散的な建築モデルが、次世代を開拓するでしょう。

8　「建築ワークショップ」設計者・ユーザーのための六ヵ条

私家版「絆の建築ワークショップ」として、設計者、ユーザーのための六ヵ条を考えてみました。じつは聖徳太子の一七条の憲法のようなものを考えましたが、ここでは六ヵ条に絞りました。

一、建築ワークショップは万能ではない。これですべて可能というのではない。

二、建築ワークショップは作品づくりではない。作品づくりは建築家に任せる。作品づくりを前提にするとうまくいかない。

三、建築ワークショップでは交渉はしない。「こういうことをやってくれますよね」とこっそり頼まれ、「じゃあ、こっそりやりましょう」と答えると、際限がない。交渉の場にしない。

四、建築ワークショップはおたがいさまであり、立場の反転を考える。

五、建築ワークショップは批評の場です。よく学びあい、よく助けあうのではなく、よく批評しあう。安易なほうに流れるボトムレースではいけない。

六、建築ワークショップは鍋物である。具材や薬味を間違うと美味しくない。いろいろ入れてもやっぱり美味しい鍋にする。現代哲学でいうアジャイル・スクラム（ラグビーのようにスクラムを組んでソフトウェアを開発すること）、機敏な集団であるべき。みんなで具材をよそってつくる。

これらが、「絆」を紡いでいくことを期待しています。

＜キーワード＞

ワークショップ　作業場や工房を意味するが、現代では学び、創造、問題解決、企画立案、設計のための体験型の手法と場を示すことが多い。参加者が自発的に作業や発言をおこなえる環境で、ファシリテーターを中心として運営される形式が一般的。アメリカのランドスケープ・アーキテクトであったローレンス・ハルプリンが、住民参加型まちづくりにおける合意形成の手法として始めた。日本でも一九七〇年代以降の住民参加によるまちづくりの趨勢のなかで実践され、手法も開発されていった。川喜多二郎のＫＪ法、クリストファー・アレグザンダーのパターン・ランゲージなどの概念が活用されることがある。

ファシリテーター　会議、住民参加のまちづくり、ワークショップ、シンポジウムなどにおいて、中立性をたもちながら、議論やプレゼンテーションの方法の検討からはじめ、参加者の相互理解や、合意形成にむけて全体を調整し、議論の深化や解決案の発見をうながすことを推進する立場の人。そういう行為をファシリテーションとよぶ。

平田オリザ（ひらた　おりざ　一九六二〜）　日本の劇作家。劇団青年団を創設し、こまばアゴラ劇場を運営。大学教授でありつつ政府や地方公共団体のアドバイザーも務める。これまでの演劇が西洋語からの翻訳調の不自然なものであったことを批判し、たとえば「静かな劇場」といった、より自然で日常的な口語日本語にもとづく演劇を再構築しようとしている。

クリストファー・アレグザンダー（Christopher Alexander, 1936-）　ウィーン出身でアメリカで活躍している建築家、都市計画家。『都市はツリーではない』（一九六五）や『パターン・ランゲージ』（一九七七）などの重要な文献により、官僚によるトップダウン的な都市計画ではない、日々まちを体験する市民の目線や提案にもとづくまちづくりのための理論を構築した。日本の建築、都市計画、まちづくりへの影響も大きい。日本での実作としては盈進学園東野高等学校（埼玉県入間市、一九八四）を設計した。

ロッド・ハックニー（Rod Hackney, 1942-）　イギリスの建築家。居住者がみずから主体としてコミュニティの開発や環境の改善に関与し、事業、計画、デザインをコントロールする「コミュニティ・アーキテクチュア」のパイオニア。公営住宅の住民がみずから修復に取り組んだリービューハウスの団地再生は、イギリスで最初のコミュニティ・アーキテクチュアの成功例として知られる。英国王立建築家協会会長などを務めた。

ハンス・ホライン（Hans Hollein, 1934-）　ウィーンの建築家。《レッティ蠟燭店》（一九六五）など。一九八五年にプリツカー賞受賞。一九六〇年代のラディカル建築家の旗手であり、死のモチーフに満ちた建築プロジェクトを提案し、薬物を服用したときにみる幻覚、テレビ映像なども建築の一種であるとするなど、従来の建築観をいちど破壊することでぎゃくに拡大した。

安藤忠雄（あんどう　ただお、一九四一〜）　日本の建築家。一九六〇年代に建築家としての修行をし、都市に過激にかかわってゆく「都市ゲリラ」たらんと志した。鉄筋コンクリートによる閉鎖的な現代長屋《住吉の長屋》（一九七六）は「煮えたぎる無関心」というアイロニカルな評価で絶賛された。そののち世界的な建築家となる。

磯崎新（いそざき　あらた、一九三一〜）　日本の建築家。ザハ・ハディド、レム・コールハースらを評価して発掘するなど、次世代を育てた世界的建築家。一九六〇年代のラディカルな建築思想を体現し、八〇年代には「アンビルト」すなわち実現しなかったプロジェクトこそに建築の真実があるという逆説的な歴史観を披露する。

エスノメソドロジー　ethnomethodology　すなわち「人びとの方法論」という造語。アメリカの社会学者ハロルド・ガーフィンケルによる。社会の秩序はいかにして成立しているかという問いから、社会のメンバーの会話などを分析し、その会話をとおしてその秩序がいかに構成されているかを探る方法論。

一般意志　フランスの哲学者ジャン=ジャック・ルソーが『社会契約論』（一七六二）のなかで表明した概念。社会を構成する個々人の「特殊意志」とも、それらの単純な集積である「全体意志」とも違う第三のカテゴリーが「一般意志」とされる。それは自由な討論などをへて、形成される。この一般意志が、国民や市民の意思であるとみなされる。東浩紀はそれをバージョンアップしたものを「一般意志2・0」として提案する。

＜キーブック＞

中野民夫『ワークショップ――新しい学びと創造の場』（岩波新書、二〇〇一）　アメリカでのワークショップ手法の成立や、日本への導入から書き起こし、理念、手法、将来性まで論じた、たんに実用書にとどまらない、本質論をふくんだ導入書。

クリストファー・アレグザンダー『パタン・ランゲージ――環境設計の手引』（平田翰那訳、鹿島出版会、一九八四）建築、都市、まちづくりにとっては必携の一種の聖書であり、影響はIT分野にもおよんでいる。すなわち人間は、環境をあたかもランゲージすなわち言語のように分節化して認識し把握するのだが、それらをパターンとして定式化することで、人びとの協同としての設計が実践されるというもの。

田上健一他『建築設計のための行く／見る／測る／考える――開発・研究・試行のフィールドデザイン』（日本建築学会編、鹿島出版会、二〇一一）　建築を具体的に設計するにさきだって、フィールドを調査し、ユーザーの意見を聞き入れ、さまざまな事例を参考にするなどの、予備スタディこそが創造的で本質的なことだということを、建築学や建築設計の専門家たちが平明にしかも具体的に説明している。

建築への、人への想像力としての絆

鵜飼哲矢

1 『星の王子さま』と環境設計

フランスの作家サン＝テグジュペリの『星の王子さま』には、象を飲み込んでいるヘビの絵が出てきます。この絵を「帽子に見えるかもしれないけどじつはこうなってるんだよ」と一生懸命説明すると、「そんな下らないこと考えてないで、勉強しなさい」、あるいは「ゴルフしなさい」と、大人はいう。そういう大人になりたくない、がこの絵のメッセージです。環境設計——設計することは、まさにこれです。子どものころはなんでも疑問に思って好奇心を持って、なんだろう?と、批評精神を持ち、疑問を抱いていたのに、大人になると「まあ、世の中こんなもんだ」と、「こういうふうにやっておけ」というふうになっていく。じつはこの絵本は大人のために書かれた絵本でして、ぼくも子どものころ読んだときはつまらなかったですけども、大人になるとすごいおもしろいです。ですのでぜひ読んでみてください。

2 建築プロジェクトをとおして

《フジテレビ本社ビル》（写真1）を設計しました。大学卒業してすぐに丹下健三*先生のところに入所しました。丹下先生は代々木オリンピック代々木体育館を設計した、二〇世紀日本を代表する偉大な建築家

写真 1　フジテレビ本社ビル（丹下健三事務所にて）

です。その事務所内の設計コンペで、ぼくが考えた案が選ばれて実現したものです。それまでの超高層作品は遠くからも見栄えのいいモニュメンタルなものが求められていました。ぼくはそのとき、ちょっと違うんじゃないかと思いました。それまでの超高層は、外から見たらシンボルだけど、近寄るとただのでかい壁です。そういう建物は嫌でした。だから近づけば近づくほど、空間が広がっていく、人と建物の関係というのが、もっと変わっていくような超高層作品ができないかな、と考えて提案したら、丹下先生が「これでいきましょう」という話になりました。当時のお台場はなにもなかったので、シンボルも必要でした。これも外から見てわかりやすいシンボルにはなってはいますが、それは核心ではありません。どんどん建物に近づき、中に入っていくとともに、空間が広がっていく。そういうまったく新しい超高層ビルを、つくりたかったのです。

　愛知県にある《刈谷ハイウェイオアシス》*（写真2、3、4）も設計しました。ひとつの街にしようという構想でいたら、高速道路のサービスエリアを管轄している道路公団に大反対されました。高速道路に街なんか前例がない、人は来ない、などとさんざん脅かされました。でもこのプロジェクトのリーダーの社長が「わかった、きみの好きなようにやっていい、わたしが責任とる」といって、やれることになりました。道路公団ともさんざん交渉して、五メートルほどの模型までつくって持ってゆき、なんとか実現しました。建物の一個一個を全部デザインしましたが、建物ではなく「関係性」を重視しました。デザインはかっこよくて当たり前で、むしろなぜ人がここに来るのかを考えました。

　そのなかでデラックストイレと呼ばれるようになった女性用の公衆トイレが最重要です。とはいえデラックスが目的ではありません。高速道路を車で乗ってくると、長旅で足がむくんできます。そういうとき、床が柔らかい素材なので、まず「あ、ほっとするな」と感じる。そして従来のトイレは冷たい感じだ

写真２　刈谷ハイウェイオアシス

ったけど、ここはなんか違うぞ、と感じてもらう。そうするとゆっくりしようという気になる。また外で行列をつくって待ってもらうのではなく、冷暖房も心地よい音楽もある内部で待ってもらえるようにする。だからテレビでは豪華さばかりが話題になりましたが、ほんとうは「ここで寛いでくださいよ」ということです。とくに愛知県の刈谷市という観光地でもないところへわざわざ来てくれる人がいるということで、ぼくは「ありがとうございます」という気持ちで、このトイレに思いを込めました。

このプロジェクトをやっているとき、マーケティングのプロが「トイレはなるべく滞在時間を短くしてくれ、どうせ立ち寄り客は五分とかしか決めてこないんだから、そんなところでゆっくりされたらたまらない。おみやげに使う時間、レストランに使う時間を増やしてくれ」と注文をつけました。すぐトイレから外に出させるように、パイは五分なんだ、それをどう奪うかが勝負だ、と彼は主張しました。ぼくは反対しました。最初に五分だと思っていても、来てみたら雰囲気がいいので一五分でも三〇分でもいる、そう発想を変えようと主張しました。別の事情で彼が担当でなくなったので、ぼくの案が採用されました。マーケティング的な常識は理論的にみえます。でも、なにが人にとってほんとうに幸せかを考えねばなりません。

ある統計によると、日本のテーマパークのなかで、来訪者一位がディズニーランド、二位がなんとこの刈谷ハイウェイオアシス、三位がＵＳＪだそうです。じつは高速道路のサービスエリアなので、テーマパークではないのですが。でも年に八三〇万人も来てくれます。なにもないところでも、なんとかなる。設計のときに「いちばんいいジャージで来てください」を考えました。田舎の町で、ほんとうにジャージで歩いている人たちばかりです。タキシードとフランス料理を念頭においたら、最初はいいけど、すぐ飽きられます。普段の生活だけど、週末だからちょっとだけ違う、くらいの楽しい場所にしよう。だから

写真３　デラックストイレ
写真４　公園内のトイレ

「いちばんいいジャージ」です。

その施設内の公園にある別の公衆トイレ（写真４）では安全性を考えました。女性が絶対に犯罪に遭わないことです。犯罪が起こると、女性にとって一生心の傷になります。せっかく刈谷まで来て公園で遊んでくれてたのだから、トイレで嫌な思いをすることがないよう、徹底的に明るくしよう、と考えた。コンビニよりも明るいトイレです。つぎに、人が潜んでいると大体シルエットでわかってしまうようにしました。それから二方向避難です。犯罪はだいたい隅でおこります。いざというとき、どちらかに逃げ場があると犯罪は起こりにくい。二方向避難をとっている珍しいトイレです。本当に安全なトイレということで作りました。

つぎに岡山に《椅子の家》を設計しました（写真５）。施主は単身赴任で、椅子のコレクターです。椅子を集めて飾りたいので、椅子の家です。しかし予算がない。キッチンもトイレも欲しいが、椅子はご飯を食べないしトイレにも行かないので、どちらも削りました。なんとか予算内に収まりました。ローコストにできました。椅子たちがご主人さまを待っている。人間にとっては一階建ての平屋なんですけども、椅子にとっては三階建てです。電気は来てますので、オーディオは聴けます。

それからつい先日亡くなられたある俳優のご自宅の改修工事にかんしてです。このあいだお参りに行ってきたときに、ご自宅で、ご家族に見せていただいた色紙があり『欲があります。もう少し現役でやりたいです』とありました。八七歳でした。亡くなる数日前、打ち合わせでお会いして話したとき、劇団の「最近の若手はなっとらんな」とおっしゃっていました。「若手っておいくつくらいですか?」って聞いたら「六〇くらい」。そのご関係のある夫婦の家ですが、猫のための家でもあるので、こんどは《吾輩の家》としました（写真６）。家のなかに猫の廊下が縦横無尽に走っていて、そこに猫が住んでいる。住宅の設

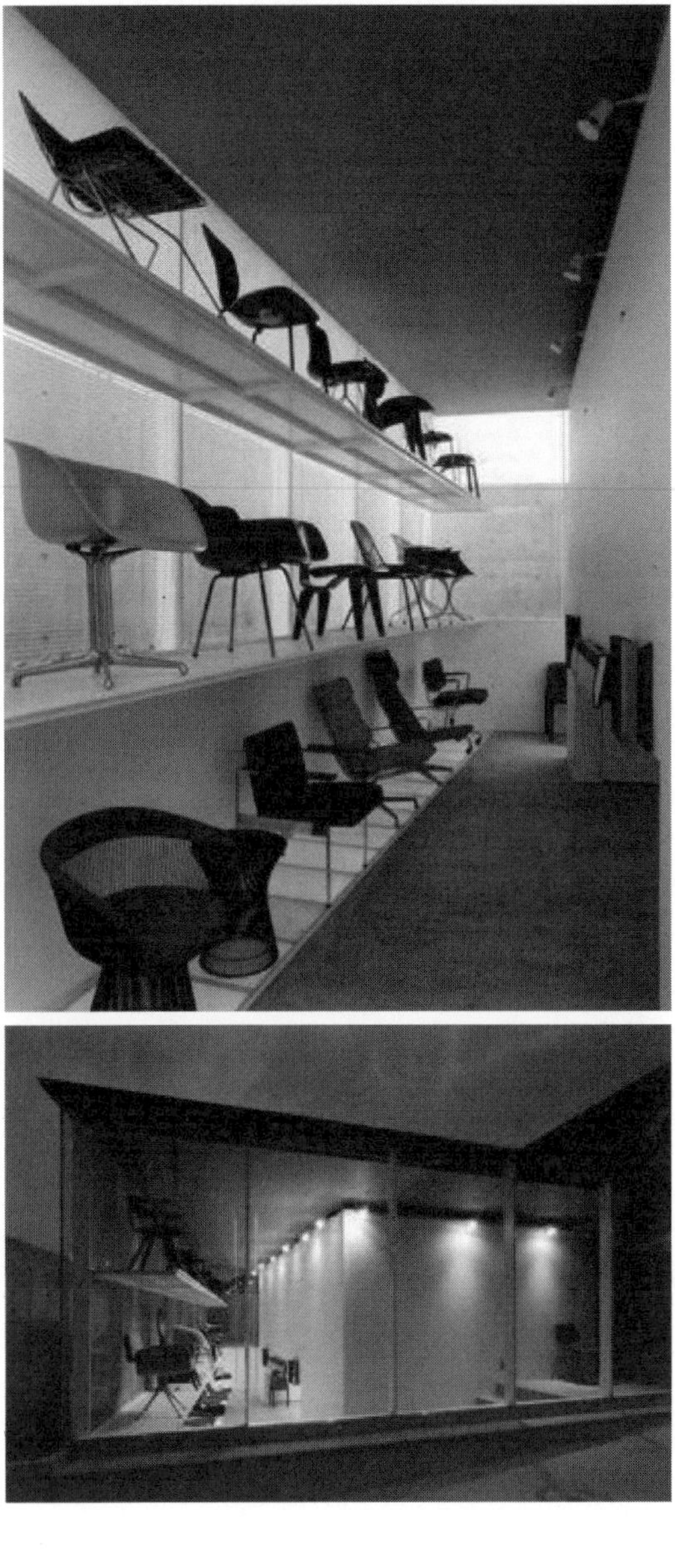

写真5　椅子の家

計をしていると、だいたい子ども部屋が欲しいとか、子どもがまだいなくても、子ども部屋ふたつは欲しいね、というカップルが多いんです。でもおふたりがご家族の話をしているとき、子どもの話はいっさい出ません。猫の話ばかりしてるんです。猫が子どもです。そこで猫をいちばんハッピーにしようと考えました。家のなかで猫がいくらでも遊び回れる、猫扉を付けず、どの部屋も猫は出入りできる、という家をつくりました。

ある医師会館を設計したとき、いちばん大事にしたのが、休日診療所があるので、雨の日に濡れないことでした。母さんが子どもを連れてきたときに、駐車場から医師会館に入るまでに濡れてしまったらまた風邪が悪化するだろう、だから車寄せをつくってそこで子供を降ろして、休日診療所に濡れないように行こう、ということです。そういうことがいちばん大事なのではないか、そこが医療の原点ではないか、と考えました。医師会館というと「白い巨塔」のような感じがするので、ガラス張りが良いと思い、医師会長の部屋などはすべてガラス張りにさせていただきました。自転車置き場もつくったのですが、これもなんか曲がってたり、いろいろ色をつけたりしました。自分の自転車が大事にされずモノとして並べられていると、とてもブルーになります。だから一日二回、ちょっとだけ自転車を置いたり、取りに行くときに、ハッピーな気分になれる。そういう関係性が建物と自転車と人のあいだにできるといいな、と思いました。とても明るいので犯罪防止にもなります。自転車置き場も犯罪が起きやすいところですので。

3　さまざまなスケールがもたらす違い

中国ではオフィスも建設しました（写真7）。ところで、人口動態はとても重要です。日本の人口グラフによると、二〇〇六年をピークに一億三千万人から減少します。おもしろいのは、明治維新のころは

写真６　吾輩の家

三、三〇〇万人しかいないんですね。関ヶ原の合戦のときは一、二〇〇万人、鎌倉幕府六八〇万人、弥生時代五九万人です。今の福岡市一五〇万人より日本の人口は少なかったんです。縄文時代は二・三万人。だから一億三千万人はほんとうに多いし、日本人はすごく小さな集団から派生して、みんなつながっています。

「わたしたちはどこから来たのか、わたしたちはなに者か、わたしたちはどこへ行くのか」というタイトルのポール・ゴーギャンの絵もご存じのかたは多いと思います。彼はこれをタヒチで描きました。人類ってなんなんだろう？　わたしたちはどこから来たのか？　なに者か？　わたしたちはどこへ行くのか？というテーマを、精神的に病気になりながら彼は描いていました。

地球、日本とだんだんズームアップしていくと、いろいろなことに気がつきます。ぼくは東京から九州に転勤してきたとき、よく飛行機に乗りました。機内から広島上空で気づいたことがあります。平和記念公園が下に見えたのです。そのとき約六五年まえの、一九四五年の八月六日、同じ風景を見た人のことを思い出しました。彼は原子爆弾を投下したのち、一目散に飛行機を上昇させ、ミッションを終了させた。その下にいた人たちは本当に一瞬で被爆した。

原爆ドーム*はもともとは別の目的の建物でした。その日の八時一五分の直前までは、チェコの建築家ヤン・レッツェルが設計した広島産業奨励館でした。その真上に原爆は落ちました。建物は廃墟になりました。しかしわたしの師匠である丹下先生は、原爆ドームとして残しました。彼はとくに反対運動も、署名運動も、保存運動もしませんでした。いま中州状になっている中島に平和記念公園をつくろうというコンペが復興第一号のプロジェクトとして始まりました。当時の広島市は、原爆の思い出は忌まわしいから消し去れ、全部壊してしまえ、という意見が多かったそうです。丹下先生はこれを壊せないようにするため

写真7　中国のオフィス建築プロジェクト

に、平和記念公園を設計しました（写真8）。原爆ドームは、設計の対象である敷地の外にあります。それを、外にある原爆ドームにむかって公園の計画を全部配置し、全部が一直線になるようにした。イサム・ノグチの慰霊碑のむこうに原爆ドームが見える、という配置関係です。最初に話を聞いたとき、さすが天才だなと思いました。原爆ドームを残すために、あえて違う全体をつくってしまう構想です。これが丹下先生の得意なものです。

チャップリンの映画『殺人狂時代』には「ひとりを殺せば犯罪者だが、百万人を殺せば英雄だ」という台詞が出てきます。ぼくらは建築や都市を考えますが、さっきの原爆を落とした人も、もし地上にいて、そのひとりひとりを見ていたら絶対ナイフで刺せませんよね。でもあの高さにいて抽象的に物事を見ていたから、原爆だって落とせてしまう。ひとりひとりを見てたらできないはずです。スケールと物の見方は相関します。建築でいうと一〇〇分の一、一、〇〇〇分の一、一万分の一、と拡大していくと、ひとりひとりの人間にたいするスケールをどんどん忘れていきます。でも本当は建築は最終的にひとりひとりの人間というものに還元される表現だということを忘れてはいけない。

ぼくのいちばん好きな寺山修司*さんの『いちばんみじかい抒情詩』というものがあって、「なみだはにんげんのつくることのできるいちばん小さな海です」。この、涙というしょっぱいものと、海というものがつながっている。スケールは違っても涙と大きな海は同じ成分なのです。

4　ひとりひとりの存在の意味

ぼくは「恋愛の法則」を勝手に作りました。I want you.は「欲望」です。I need you.というのは、受験には出ませんが、「必要」です。I love you.は「存在」です。ぼくがいちばん大事だと思うのが

写真８　広島平和記念公園　川の中州の上が原爆ドーム。それを焦点にするように慰霊碑、記念館が一直線に並ぶ。

I miss you.という言葉。いなくて寂しいよ、という「存在意義」です。本質的に欠くことのできないなにかを、取り除いてしまったとき、これは寂しい、というのがいちばん大事なものではないか。丹下先生が直接いったのではありませんが、原爆ドームはまさにこれを表現しています。「不在」です。これが大事です。だから絆とは、ひとりひとりの存在の価値を認めて、それを紡いでいくことです。ひとりひとりから社会につないでゆく、それを建築、都市、環境によって成し遂げるのが、ぼくたちの仕事です。

最後に「だんだんボックス」というプロジェクトです（写真9）。障がいがある人びとが描いた絵を段ボールにプリントし、商品や頒布品として制作する活動です。彼らの才能と生きがいのためです。障がいがある子供たちは、あるいは大人もそうですが、いままで社会のなかで隠されるようにして生きてきました。これをやって、お母さまたちがいちばん喜ぶんです。ある作品をつくったとき、八三歳のお母さんが、五五歳の息子の作品が絵になって商品になったときに、「この子を産んではじめてよかったと思いました」とおっしゃった。ぼくは「ああ、ぼくたちの社会では、それが言えなかったんだ」と思いました。障害がある人たち、この人たちを産んでよかったと思えない社会をつくってしまったのは、ぼくたちかもしれません。ですからささやかな努力を続けたいと思います。

ぼくにとって段ボールは建築です。段ボールも建築も同じです。ひとりひとりのことを考えているうちに、それがつながっていく。コンテナになり、街になる。ヤフーのニュースランキングのトップになったこともありました。ユニバーサルデザインにかんする国際会議があったときに、PRのため、港に置かれていたこのコンテナが街中を移動して、会場に運ばれました。福岡市長をかこんでオープニングもできました。こういうコンテナが、外国から来るお客さまをお迎えするために、障がいがある人びとのアートを用いた街にでかけました。ダンボールも建築も、人と人とをつなげ、結びつけてゆきます。そういうこと

写真９　だんだんボックス

を構想するのが、ハードもソフトの部分もふくめて、環境設計なのかなと思います。

＜キーワード＞

丹下健三（たんげ　けんぞう、一九一三～二〇〇五）二十世紀の日本を代表する建築家。戦後日本が発展するなかでつねに日本の時代精神を反映する建築や都市計画をつくり続けてきた。日本の現代建築が世界にはじめて認められるようになった功績は大きく、門下生に磯崎新、黒川紀章、槇文彦、谷口吉生などがおり、多くの建築家を育てた教育者でもある。おもな代表作に広島平和記念公園、香川県庁舎、東京計画一九六〇、東京オリンピック代々木体育館、大阪万博、東京都庁舎（新・旧）など。

ハイウェイオアシス　高速道路の休憩施設と地域の公園などが一体となった施設。高速道路からも一般道からもどちらからもアクセスできる。旧建設省の事業として始まり、全国に二十数ヵ所設置されている。刈谷ハイウェイオアシスは、上下パーキングエリアと都市公園が七〇〇メートルのプロムナードで直線状に結ばれたユニークな配置計画になっており、観覧車や温浴施設、地域農産物販売所などが併設されている。

原爆ドーム　広島の爆心地に残る世界文化遺産。一九一五年に竣工した建物で、チェコの建築家ヤン・レッツェルによって設計された「広島産業奨励館」が前身。この西洋風の建物の廃墟が、物理的に残ったこと、社会的に残ったことのふたつの奇跡によって、人類史における貴重な遺構としての「原爆ドーム」になった。

寺山修司（てらやま　しゅうじ、一九三五～一九八三）青森県出身の詩人、劇作家。一九六〇年代に劇団「天井桟敷」を結成し、その前衛的な表現は社会に衝撃を与えた。さまざまなジャンルにて既成概念を悉く破壊しながら、その天才的な言語能力によって日本の六〇年代七〇年代の文化に大きな影響を与えた。過激な芝居人である一方で繊細な詩人でもあり、四七歳の若さで亡くなるまで数多くの作品を残した。

＜キーブック＞

サン＝テグジュペリ『Le Pettit Prince（星の王子さま）』（岩波書店ほか、初版一九四三）一般に子どもむけの童話として有名だが、作者自身が献辞でおとなの親友に捧げているように、じつは想像力豊かだった子どもと比して、視野の狭くなった常識やつまらない価値観にとらわれたおとなのあり方を風刺している。表面的に見えていることが本質ではなく、「大切なことは目に見えない」という命題は現代のわたしたちにも通用する教訓であろう。

豊川斎赫『群像としての丹下研究室――戦後日本建築・都市研究のメインストリーム』（オーム社、二〇一二）天才丹下健三は、孤立した建築家ではなく、研究室のなかで活発に展開される意見交換のなかから最良のものをピックアップできる目利きの達人でもあった。構造や設備の専門家、国土計画や都市計画の官僚や専門家たちとのネットワークのなかで、あるべき国土と建築の姿を構想していたようすが描かれている。

鵜飼哲矢『ロンドンの近現代建築――古い都市が生み出した新しい空間』（丸善、一九九八）ロンドンという歴史豊かで古い建物がひしめくなかに、ロジャース、フォスター、ホプキンスらの現代建築家たちが創造的で新しい建築を生み出していることを紹介している。近代から現代にいたる各時代に人びとがなにを考えて、なにに挑戦したかという建築設計の無限の可能性を示した文献。

ダイアローグ1

1 「絆」をつくれるか

土居 まず鵜飼先生の「だんだんボックス」ですが、福岡に転勤されてすぐに始められたと記憶しています。もともとアイデアはあったんですか。

鵜飼 いえ、引っ越した六〇七号室があまりにダンボールが置かれていて、あまりにも殺風景だったから、それを見てというか。あの部屋のお蔭なんですよ。

土居 引越し効果ですか。深読みすると、段ボールは収納にしてもいいけれど、宅急便として送れます。送るという行為も、送り手と送り先の、人と人とをつなぐ、やはり絆ですね。

お三方の全体のお話としては、谷先生と田上先生はおたがい目で見て認識できる集団のお話だったとしたら、鵜飼先生のお話は大衆というかマスというか、おたがいに見えないのだけど、それでも知らない人だとか、たんに通りすがりの人でも、それなりの絆はある。お手洗いの話だと、ひとりがブースを占有すると他人は排除されるということが、絆かな。たがいに抽象的な人というような括りで他人を思ったときに、なるだけ快適で安全なトイレがいいとか、他人へのイマジネーションや思いやりも絆だと思いましたし。そういう意味では、スケールが持つ意味も大切で、丹下健三先生は、数人が会うような空間となん万人が集まるような空間は質が違うんだ、設計もギアを変えなければならないんだと指摘していたのを思い出しました。たいへん深いお話でありがとうございました。それでは質疑ですが、専門家どうしの話は神学論争的になりそうな気がするので、会場からどなたか?

会場1 三人の方のお話を聞いていたく感動しております。ただひとつわからないのは、絆というのは、大上段に構えてお話をするようなことなのかな、ということです。絆はやはりひとりひとりの気持ちであり、いろんなものであるべきで、それが表に出てきて、「絆の設計」となるいうようなことは、基本的にはできないのではないでしょうか。絆とは、そういう気持ちを醸し出せるような環境を作るとか、そういうことを設計していく、というのであれば、なんとなく理解できます。ひとりひとりの気持ちが豊かになるような、絆なんていうのはないと思うんですけどいかがでしょうか。

鵜飼　ぼくもまったく大賛成で、絆っていうと政府のスローガンみたいになっていますよね。押し付けるもんじゃないです。でも、やっぱり、見えないものを察知する、思いやるというのが大事であって、言葉でいわないけれど、行動なり、ちょっとしたことで伝わってくるものだと思います。可視化して絆といってしまうのもどうでしょうか。たまたま大学のイベントがこうだったので。まさにおっしゃるとおりだな、と思います。

谷　同感です。絆をつくるとか、他者が意図を持って絆を形成するなんてとても無理です。今日はそういうお題なので、できるとしてお話ししました。ぼくはずっと農村というものを対象にして調査研究してきましたが、ぼくらが直接絆をつくろうとしても無理がある。ただ、そこにあるものを見つけるようなかたちで、それをより活性化するというやり方は効果的だし、長続きするように思います。だからご指摘のように、絆そのものを設計するというのは無理な話だと思うんです。

田上　まったくそのとおりです。紹介したように、共有スペースの無視というお話もあります。あと日本の街って意外と綺麗です。道路は舗装されていて、集合住宅なども大切につくられている。中国へ行くと、築五年くらいなのに築五〇年くらいに思えるものがたくさんある。ぎゃくに日本に来た中国人に、新しそうでも「築四〇年くらいたってますよ」っていうと驚きます。やはり、大事にすることとか、みんなで使っていくことなどが、日本人が大事にすべきことだな、と思います。

土居　ぼくも他の先生方と相談して「絆の環境設計」という題を考えました。ご指摘からすると「絆と環境設計」もいいかな。マスメディアは操作されているから用心しなければならないけれど、歪んだレンズの先にもちゃんと対象はあるから、いちどお題を引き受けてみるべきだと思ったしだいです。それから田上先生のご指摘どおりでして、建築家とはなにごとも引き受けるのが職業なのですね。「すべてが建築である」とは、建築家がオールマイティということではなく、どんな課題でも自分たちなりに考えますという、謙譲の心なんです。

田上　物事を考えるとき、抽象的に考えるか具体的に考え、行動するかの違いです。絆はひとりひとり違います。百人いたら、みんなそれぞれ違う絆を持っています。それを一括りに絆といってしまうと、また抽象的になる。だからほんとうは一個一個の関係性に具体的に対応すべきです。きわめて離散的というわけでもありませんが、抽象的な俯瞰的スケールにすると、いっきに見えなくなるような、すごく弱いものだと思います、絆とは。

会場２　フロアから発言させていただきます。絆ですが、はじめて先生方のお話を伺わせてもらって、おもしろいと思いました。鵜飼先生は建築家として障がい者とのあいだに絆をもち、自分の想像力を使って、それを形にされています。それをわたしたちが見たとき、設計者の絆とは、わたしたちが障がい者やそこを使う人たちの立場になったときに、どう感じるかということです。形として伝承することによって、ある種の「絆感」ができる。共有するというなんか不思議な感じですね。そういう力が建築家にはありそうです。わたしたちは絆感というのをなかなか持てないなかで、そういうものとして受け取ることができたかなあ、と参加者として思いました。

あるいは田上先生のお話を聞きながら、まったく違う人たちが集まって公共建築物をつくるんだから、そのかたちのなかで、話し合うなかで、イマジネーションあるいは像みたいなものが共有されないと、形にならないですよね。そこからの創造もあるだろう、それが具体的な形になり、みんなでそれを使う。そういう力をもっているのかなあ、と。絆はなかなかできませんが、それなりの形のなかで絆感みたいなものが、なんらかのかたちで目に見えたり、話し合いのなかでつくり出されたり、いろんなパターンがありそうです。

谷先生の話も、バングラデシュっていうのはすごい所で、村っていうのはもともと共同体が強いところなんですけれど、あそこは人びとが大挙して移動して住みついたんですよね（一八頁キーワード参照）。移動して、共同体や村なんてない、難しい社会であったそうです。そういうなかで共同井戸をとおして、時間をかけ、新しい絆づくりをする。それもまたなかなかです。そういう気持ちをもった人たちがいるのだから、彼らのような人を増やしていく、それを目標にすることで、環境を設計していただけたら。そういう基本的な思いで質問しました。

三回目の講義では鎮守の森がテーマらしいですが――わたしがいつも思っているんですが――恣意的につくられたものであっても、自然や環境を、コミュニティ全体で大切にしてゆく、そこからつながりが生まれるという伝統が、日本にはあったのに、継承されていないのではないか。その点もお聞きしたいと思っております。

会場３　谷先生のお話、すごくおもしろいなと思いました。絆があったからうまくいったのか、または絆が生まれたのかっていうのが、まさに設計です。ほんとうにその点を考えねばなりません。絆自体はつくれないかもしれない。しかしなにかをやることによって絆は生まれることもある。絆そのものが糸のように目に見えるわけじゃないんだけれど、絆があることの意義はあるし、つくらなくとも生まれることもある。都市デザインや都市計画は上からの押しつけになりやすく、絆すらも押しつけられがちです。そのなかで谷先生のお話はほんとうによくて、もっと聞きたいです。

谷　最初にぼくが言ったように、絆そのものをつくるのは難しいのですが、イメージしづらく表現しにくいのです。しかし最初は見えない状態なんですが、なにかを工夫すると、あるものが見えるようになる時期が来ると思います。いま、ネパールで別のプロジェクトに取り組んでいますが、その村にもともとどういう絆があるかは、最初はわからない。二年間やってきて、ぼくらよりも村の人のほうがよく知ってるっていうことに、最近ようやく気づきました。だから、まずどんな絆があるのか探るという謙虚な態度だとうまくいくことに、最近気づきました。

2　バングラデシュにおける人の「つながり」

土居　バングラデシュの社会というのはインド亜大陸における宗教問題などに起因する、ある意味で乱暴な民族大移動でできた近代社会であるようです。つまり根無し草的な集住なのではないか。だからオリジナルな絆があるとも想定できないのではないか。日本の昔の村だって人工的な制度によってできたものであって、自然発生ではまったくない。それと観察という行為もまた、自分がもっている村イメージ、日本の古き良き村イメージの投影になる危険性もある。しかしそれでも今回は「地域・アクティビティ・絆」を考察しようとしたのは、伝統的社会というものが一回壊れて近代社会となったので、発想を逆転させて、絆はアプリオリにはないかもしれないが、ある活動の結果として事後的に立ち上がる、というようなことを想定したのです。だから違う国や違う社会では、ただちにはそこにある絆は見えないかもしれません。

谷　ご趣旨はよくわかりますが、回答は難しそうです。村そのものがまったく違う原理で動いています。たとえば最初にバングラデュに行ったとき、とうぜん村長さんを探します。村長さんらしい人を無理やり探し出しましたが、話をしていて一年して、やっと、どうもこれは村長さんじゃないことに気づいたんです。そもそもバングラデシュの村には村長さんがいないことに気づくのに時間がかかります。日本の共同体などとは仕組みがかなり違う。村長の話でそうですから、絆、人と人とのつながりと、なんらかの気持ち、を日本とは文化の違う所で感じるというのは、かなり難しいですよね。またバングラデシュの人たちはかなり個人主義的だというのは昔からの通説で、既往研究でもしばしば指摘されます。しかし他人に興味がないわけではなく、ものすごく他人に興味がある人たちです。たとえば挨拶という習慣がない。「こんにちは」みたいな簡単な挨拶がないんです。だから人に会ったときにどう言うのか、わからない。一〇年以上たって最近わかったのですが、「ご飯食べたか」が普通の挨拶がわりです。最初のころ、なんでこんなにみんなご飯食べたかどうかを聞くんだろうと思っていました。あれは挨拶だったのです。だから、違う社会、違う文化なので、そこでどう捉えるか。土居先生のご指摘はだいたいわかるんですが、自問自答している状態です。明言はまだできません。ただ「つながり」はかならずあります。あるんだけれども、ぼくらが知っているつながりとはまったく違う形や角度や場所です。たとえば継続しているうちに「ご飯食べた」は挨拶だと気づく。このように理解するというのは難しい。

土居　なぜそんなことを聞くんでしょうね。ご飯食べてない人は、かわいそう？

谷　気づかいだと思うんですよ。だから、ほんとうに食べてないっていうと「じゃあうち来て食べろよ」っていうんですよ。どちらかというと「こんにちは」みたいな感じで聞きます。

土居　それは、食べてない人間には施さなきゃいけない、みたいな？

谷　どうでしょう。なんかあるかもしれない。

土居　運命共同体的なのでしょうか。

谷　そういう意味ではすごく親切です。すぐ「うちに来い」っていうんです。

会場４　気づかいですが、満員電車のなかでケータイ使ったり、大きな荷物を背負ったりしている人は、周りの人にたいしての気づかいがない。今の電車のなかを見ていると、男の人も女の人も気づかいが足りない。電車のなかで、五分かそれくらいの我慢ができない。それはおかしいと思える。気づかいできるような意識の持ち主を多くするよう、環境をつくっていく。それが建築的かもしれない。気づかいという概念から、そういうことが絆の始まりかな、という気はします。

土居　デリカシーとか他人へのイマジネーションは文明度や経済力に反比例するのでしょうか。

谷　そうかもしれません。ぼくが農村を好きなのは、そういったものがどこの農村に行ってもあるからです。福岡の山のなかでも、スペインやバングラデシュの農村でも、「あれ、ここどこだったっけ?」と一瞬思うことがあっても、ここは農村だ、ということはわかる。それは人との接し方だとか、大丈夫かな、お腹減ってないか、といった気づかいがあるからじゃないかなと思います。

土居　それは絆でしょうか。絆を守る場合に、自分が知っている人間に囲まれているのか、知らない人に囲まれてたったひとりでいるのかで、ずいぶん他人にたいする態度が変わってくる。これはソーシャビリティですね。背景としては。

3　コミュニティ概念の再検討

土居　注釈ですが、建築にもいろんなキーワードがありました。「共同体」という概念があって、それから「コミュニティ」という英語が出てきました。第二次世界大戦後のアメリカで、多くの帰還兵が郊外に住むなどして、郊外住宅地が発展するんですが、住民たちがバラバラだとまずいので、擬似共同体みたいなものが計画され「コミュニティ」と呼ばれました。日本も六〇年代に、地方の人びとが大量に、東京のとくに郊外に移住したときも同じでした。そのとき政府が展開するコミュニティが構築されようとしました。そのとき政府が展開するコミュニティ政策もあるいっぽうで、住民が母体になってやるコミュニティもありました。政府が上から国民を指導してやるみたいなこともあれば、下から自主的にやる部分もあって、なかなか複雑です。絆というのは、そういうふうに良い面も悪い面もある。だから注意深くカスタマイズすべきと考えます。

それに関連して田上先生に質問です。この「コミュニティ」ですが、建築計画学的にはどのように整理されているのでしょうか。つまり、それはわりと架空の概念だろうなという感じがするのですが、この概念は昔からあったわけではないのに、ある時期からとつぜん言及されるようになりました。

田上　わたし自身はじつは伝統的なコミュニティに否定的なんです。コミュニティについて土居先生がわかりやすく説明されましたが、ぼくの研究室では、コミュニティという実態のない言葉は使うなと命じています。論文ではいっさい使ってはいけない用語で、二年間コミュニティという言葉は使ってはいけませんということを徹底していります。別の言葉で表現しなさいと。というのは、実態が見えにくいところがあるんですね。どうもコミュニティというのは、近くに住んでいる人と仲良くしなさいとか、ノスタルジックな地縁、血縁モデルになりますす。さきほど携帯電話の話がありましたけど、今は選択的コミュニティの時代になっている。それは遠くに離れている人もいるし、趣味が一緒の人もいるし、ネットワークがとても多様化している。わたしたちは「選択的な関係」と呼びますが、そのほうが新しい建築をつくるときには重要だと考えています。それで、さきほどの谷先生のご指摘もそうですが、絆は「水平関係」という点が重要だと思います。「スーパーフラット」（アーティスト村上隆によって提唱された概念で、アートの諸ジャンルに上位下位という序列がないとする立場や態度）というかつての言葉もあります。絆とは縦のひもではない。わたしは一本のひも、あなたも一本のひもとしても、縦につながるのではなく、網をなすのです。コミュニティと呼ばれるものも、本来はそうあるはずです。だから一本一本のひもでどういう網をつくるのか。強いのか弱いのか、材料はどうなのか、色はどうなのか。そういう網の目をかぶせていくと、それがいろんな方向でつながっているというのが、絆と環境設計の関係じゃないかと思います。

土居　田上先生のお仕事はほんとうにたいへんで、大規模でない建物でも議論を重ねて、意見を集約してつくっていくのはたいへんご苦労さまでして、効率悪いですよね。ただ発想を逆転すれば、あれはコミュニティや絆をつくる「ために」ではなく、やっているプロセスそのものが絆であり、それが選択的コミュニティという意味なのだと解釈しています。かつてぼくが学生のころ、地縁から人縁へ、そして社縁へ、ということが七〇年代から八〇年代までいわれていました。人の縁がつねにあるというのは家族や親戚や同級生などとても限られていて、それ以外はつくっては消え、消えてはつくるみたいなものです。ただ、みんな消えるわけではなく、こういうふうに選択的な、なんか月でもなん年でもかけて議論したあるグループが成長するとか、取組みの最初と最後で違うとか、そういうことはお感じになりますか。

田上　いま土居先生はとても大事なことをおっしゃったのですが、いまそれを調べている途中でして、やはりいろんな人たちが建築に関わってくると、たとえばできたときに、建物にたいする愛着が違いますね。それは五年とか一〇年とか一五年とか検証していくと、たいせつに使ってくれているか、すこし誇りを持ってくれているか、がわかってくるような気がします。

谷　それは使うことを想定された人たちがワークショップに参加するのですか。

田上　基本的にはいま現在において関係している人たちがワークショップに関わっています。ただ近くに住んでいる人たちなども参加していただいてますので、広義には使う人たちが参加していますね。

4　不在の他者への想像力

土居　さて鵜飼先生に質問ですが、排除の関係、不在の関係というのも絆ですよね。絆とは、いない人との関係もある。亡くなった家族との関係があるから、人間は人間たらしめられている。柳田國男の祖先霊について解説した宗教学者の本を読んで感激したのですが、柳田は祖先の霊をどうやって祀るかという文化を記録して、民俗学を確立した。日本の伝統社会を記録したというけれど、そこに逆転があって、祖先との関係を規定することで地域や社会が成立するという構図があります。それから不在の関係、排除の関係ということで、ネガティブなことがポジティブに変わりうるような、すごいダイナミックなことがあるような気がします。

鵜飼　おっしゃるとおりです。ないものをないと見てしまうから、『星の王子さま』に出てくる絵を見て「これは帽子だよ」という大人と同じなわけで、でもそこにはじつは象が飲み込まれているわけですよね。それを見る目というのがじつは絆なんじゃないかなと思います。不在なんだけど、その不在が、「あらず」ではなくて、「ある」んですよ。

土居　だから、他人に迷惑をかける人も、隣にだれかいたら迷惑するだろうという不在の人間が見えないから、そうなるんだろうなと思います。ありがとうございました。

第2部　芸術はいかに近代社会における絆であるか

二〇一二年一一月八日　冷泉荘

公開講座のこの第2部で話し合ったのは、アメリカの政治学者ベネディクト・アンダーソンがナショナリズムは「想像の共同体」であると指摘したのと同じようなことが、近代社会を形成している原理でもあり、芸術はそのような役割を果たしているのではないかということである。

土居義岳は西洋建築史が専門であり、古典主義の研究から出発し、現代建築の批評や、ひろく建築と社会との関係を文化としてとらえる視点からも研究している。今回は、経済、宗教、モニュメント、建築が連動しているというハーヴェイの視点を借用して展開している。

山内泰は、近代音楽における聴衆の概念、あるいは音楽を聴くことそのものの近代性についての研究で博士号を取得した若い研究者であり、NPO「ドネルモ」の主宰者として実践的な活動も展開している。今回は一九世紀ドイツと二一世紀日本を横断しつつ、音楽イベントや情報ネットワークの可能性を論じる。

古賀徹は哲学者であり、環境倫理、メディア論、デザインの哲学的基礎づけなど、論考は多岐におよぶ。地域活動組織としてドネルモを立ち上げ、若手の文化活動、社会活動のための貴重な枠組みを提供している。今回は「絆」概念の根本にたってそれをいちど批判的な検証の対象とするところから論考する。

矛盾の共生としてのモニュメント

土居義岳

フランスの一九世紀とりわけ第二帝政*と、新自由主義*経済における建築のあり方を論じることで、建築モニュメントが絆となりうる形式についてお話しします。

1 原広司と均質空間論

経済の論理によって空間が生産されてゆくというメカニズムを論じるために原広司*が一九七五年の『思想』誌で説明した「均質空間論」から始めます。原はそのなかでマルクス経済学の価値形態論、すなわち商品とは固有の使用価値と普遍的な貨幣価値＝交換価値という二種類の価値の統合であるという論理を下敷きにして、建築空間も、ここは玄関である、ここは居間であるという固有の意味と、七〇平方メートルのマンションの家賃が月二〇万円だとか土地が坪一〇〇万円するとか貨幣価値という普遍的意味の統合体だという仕組みになっていると指摘しました。

近代の建築理論のなかで、建築を空間に還元してゆく思考があり、二〇世紀を代表する建築家ミース・ファン・デア・ローエ*は「ユニバーサル・スペース」（普遍的空間）と呼ぶ。原広司はその背後に個別と普遍の統合という価値形態論*の本質があることを指摘し、その哲学に近接したりもします。

2　アンリ・ルフェーブルと「空間の生産」

原は、やはりマルクスの価値形態論を継承している二〇世紀フランスの思想家アンリ・ルフェーブル*にも影響を受けています。ぼくの一世代まえの先輩たちは、六〇年代に学生運動などをやっていましたが、彼らにとってルフェーブルは一種の教祖でした。いまでも東京の神田神保町にある建築専門書店はある意味で聖地なのですが、当時から彼の文献が書架の重要な場所を占めていました。『日常生活批判序説』（原著一九四七、邦訳一九六八）は、近代社会の私的生活（vie privée）、英語でいえばプライベート・ライフ、を論じていましたし、社会の日常生活は、わたしたちを取り巻いている建物やモノはすべて資本主義の原理によって生産されたものですから、生活世界の全部がすでに奪われた（privé）ものだ、という視点です。

また『都市への権利』（邦訳一九六九）は住民ひとりひとりは都市にたいする権利があるんだという主張です。『都市革命』（邦訳一九七四）は、都市で民衆が蜂起して革命をするというのではなく、都市を管理する行政とディベロッパーが突出したノウハウをもって都市を整備していく、という意味での革命です。そのなかでルフェーブルは、空間は余剰価値形成の対象であり、マルクスの二重の価値形態論が都市空間にそのまま当てはまると指摘しています（一九二頁）。さらに『空間の生産』（原著一九七四、邦訳二〇〇〇）では、都市空間はすべて商品である、資本主義が生産したからぜんぶ商品であって、空間と商品を区別することすらおかしい、とまで指摘しています。

指摘のとおりですが、ぼくなりの解釈を加えますと、ぼくの先輩らがマルクスを読んでいるときに彼らの脳裏にあったのは、工場で労働者が働いているというシーンです。とくにマルクスは一九世紀の人ですから、繊維産業といった古い産業をモデルにして書いている。しかし、ルフェーブルはそれを読み替えて、労働者が工場で生産するという行為を、たとえばディベロッパーとか建築家とか官僚が都市において空間を生産している、というふうに読み替えてゆきます。そしてマルクスの理論はすべて都市空間の分析として読めるとしたのだと思います。

空間は商品だとか、空間を生産するというのは比喩ではなく、不動産業はそれをそのままやっています。「空間の生産」とは二〇世紀の都市計画制度そのものです。たとえば容積率という概念です。かりに土地一、〇〇〇平方メートルがあるとして、そのままではあまり儲かりません。駐車場をつくったって固定資産税を払ったらトントンです。そこに平屋の家を建てると容積率一〇〇パーセントになります。郊外なら戸建て住宅にあたり快適ですが、都心だとちょっと採算が取れません。それで五階建てにして容積率を五倍にすると大家さんや地主は、住宅にしろオフィスにしろ、店子を入れて家賃収入で経営できます。ただ、まだなまぬるい。一〇階建てだと一、〇〇〇パーセントですが、個人では無理でして、行政が都市計画的に容積率を格段に上げて、民間ディベロッパーが資金を融資してもらって、投資あるいは投機として経営します。このように容積率を上げるためには、投資と回収という、やがて個人スケールをこえる経済行為になっていく。容積率を上げる、床をたくさん積層する、オフィスにしたり住宅にしたりする、これが空間の生産です。投資して回収するのは、工場で服や車を生産するのとまったく同じです。

そういうものを最初に視覚化したのが前述のミースの《ガラスの摩天楼》計画（一九二二）です。超高層建築は床の積層だ、とあられもなく述べました。超高層建築は一九世紀末からシカゴやニューヨークにありました。つまりアメリカの空前絶後の資本主義の発展のもとで、巨大建築はつくられた。しかしアメリカ人は、石などの古い材料でこれら巨大な建物を覆ってしまって、たんに大きな建物をつくるだけであった。床の積層であるという意識が足りなかった。しかしミースは即物的に「空間の生産」だと見抜いたのです（写真1）。

3　デヴィッド・ハーヴェイ

マルクスやルフェーブルも、そういうことを見抜いて資本主義を批判していました。その流れを受け継ぐアメリカの社会学者デヴィッド・ハーヴェイ*もまた新自由主義経済というものを批判しています。すなわち「空間の生産」にかんする批判理論を継承しています。単純化していうと、過剰に流動的な資本、そして過剰に流動的な労働力は、都市開発に向かいます。その巨大な投資を担うものは、じつは都市における都市の空間の生産しかないとまで極言しております。過剰に流動的な労働力とは、グローバル化によって生み出されたもので、その結果、就職状況は厳しくなって、ぼくたちの学生も苦労しています。

彼はこの問題を熟知したうえで『パリ――モダニティの首都』（二〇〇六）を著します。ここでやっとモダニティというわたしたちのテーマに到着しました。この書はふたつの二〇年のパラレルです。一九九〇年代とゼロ年代の二〇年は、新自由主義経済とグローバル経済の時代でした。じつは人類はすでに同じことを体験していました。フランスの第二帝政（一八五二～一八七一）です。やはり資本主義の発展が都市開発をまきおこすが、それはフランスの内乱という破局で終る。この破局がわたしたちの目前で再現されるのではないか、ハーヴェイはそんなことを暗黙のうちに、預言しているような気がします。

新自由主義は一九八〇年代にアメリカ大統領ロナルド・レーガンとイギリスの首相マーガレット・サッチャーの政策から始まりましたが、それが功を奏して、ベルリンの壁もソ連も崩壊し、アメリカの単独覇権、単独の世界市場となりました。そして九〇年代、ゼロ年代、大建設時代に入ります。たとえば中国大陸やドバイの開発です。過剰資本、過剰に流動的な労働力は都市開発に投入されます。どんな巨大な都市

写真 1　ミース・ファン・デア・ローエ，レイクショアドライブ集合住宅，シカゴ，1951年。「空間の生産」理論で建設された床の積層。

プロジェクトであっても世界中から資本や労働力を投入できる、そういうボーダーレスな地球になった。つまり地球上の各所にあるお金は、ひとつにまとめられて巨大プロジェクトに投資される。ところがそういう世界金融システムは破綻することがある。リーマンショック、世界金融危機、ギリシャ危機のような状況になる。

４　二月革命

その先例が第二帝政の二〇年でした。フランスでは日本よりも早期に産業革命がおこり、資本家と労働者の社会になり、経済は好景気と不景気を循環しました。一八四七年と四八年に経済危機が訪れ、その危機のなか政権が倒れ、一八四八年に二月革命が起こります。同年の六月蜂起では、労働者が蜂起します。つまり、雇用対策として国営の工場という意味合いで「国立作業所」ができます。民間の資本家たちが経営する工場だけでは雇用を創出できないので、国がそういうものを設立しました。ところがブルジョワたちは、国家の介入は自由の侵害であり民業圧迫だとして、国立作業所を閉鎖させます。すると労働者が、仕事をよこせと暴動を起こし、その騒ぎのなかで二、〇〇〇人以上の犠牲者が出ました。

第二帝政を生むことになった一八四八年の暴動ですが、このとき多くの街路がいわゆる「バリケード」によって封鎖されましたが、それらはパリの東半分に集中しています。パリの西にはブルジョワが住み、東には労働者が住んでいたという社会構造が赤裸々に空間としてあらわれている。当時、画家クールベが《オルナンの埋葬》という絵を描いて大変スキャンダルになりました。一説ではこの二月革命の敗北を描いたということにもなっています。オルナンは画家の故郷です。喪に服している農民たちが描かれていますす。ここには死者も棺も描かれておらず、その穴の空虚さが印象的です。対象そのものを描かないことが、埋葬する対象をあえてカッコに括っている。だから象徴的には六月蜂起で亡くなった犠牲者たちではないかという想像さえ可能になります。というのは農民が労働者化していったのがまさにこの時期なんです。農民＝労働者なんです。素人の蛮勇をもっていいますと、ぼくの感覚では、この絵画において一九世紀中盤の農民たちがあまりに英雄的に扱われています。そこが謎です。ちなみにクールベはパリ＝コミューンの代議員になっています。

5　産業家もすこしはいいことをした

労働者化しつつあった農民で思い出すのが、一九世紀フランスの工場経営者アンドレ・ゴダン*という人が建設したいわゆる産業ユートピア「ファミリエステール」です。初期の社会主義社シャルル・フーリエ*の「ファランステール」の思想的影響を受けたゴダンは、マルクスから空想的社会主義とされても、フランスのギーズ市に工場と労働者住宅施設を建設しました。この集合住宅は、アトリウム式（中庭が鉄とガラスの大屋根で覆われている）です。劇場という娯楽施設もあります。施設はすべて共同です。家族生活はブルジョワ的理念であり、それにたいして労働者は、家族へと分断させず、共同生活することが思想的大前提です。共同の託児所、小学校、高校もあります。購買部では、貨幣により購買行為そのものを学習します。労働者になったばかりの農民にとって、カフェもまた学習でした。洗い場も共同です。洗濯は各家庭ではなく、共同でします。各住戸は天井が高く、造りもしっかりしていました。中央に汎用性のある石炭コンロがあって、暖房、炊事に使われ多機能です。まさに鉄製のアイロンを熱するのにも使われました。白い石炭容器もありました。ゴダンの会社はバスタブ、石炭ストーブを製造し、経営も良好でしたので、このユートピアも成功でした。

現在は公営住宅となっていて、さらに文化遺産にもなっていて、週二回はガイド付きツアーがなされます。わたしが案内してもらったところでは、入居してきた労働者たちはその前日まで農民だったので、ニワトリや豚まで連れてきて困ったのだそうです。そういう農民にたいして、労働者としての、あるいは近代市民としての生活を教える教育の場でもあったのです。住宅とは教育の場でもありました。美術史は教えてくれませんが、《オルナンの埋葬》の隠れた背景は、そういう農民＝労働者ではなかったかと、思うのです。

6　第二帝政とパリ＝コミューン

そののち一八五二年に成立した第二帝政において、パリが大改造されました。皇帝ナポレオン三世*は、新しくできた金融システムをとことん利用して、資本を集約しパリを大改造しました。ハーヴェイはこれが九〇年代とゼロ年代の過剰な都市開発と似ていると指摘しています。

人物を紹介します。「ナポレオン三世」は皇帝であり馬上のサン＝シモンと呼ばれた人物です。「オスマン男爵*」は辣腕の行政人間であり、この皇帝によりセーヌ県知事に任命され、パリ改造という大事業をまかされました。「ペレール兄弟*」は、当時としては先進的な金融システムを構築し、知事と結託して、建設事業に資金を提供してゆきました。兄弟はいわゆるサン・シモン主義者*であり、フランスの産業社会をいかに構築するかということを考えた産業立国論者の一派で、金融家でもあり不動産家でもあり、不動産に融資をする会社を経営していました。これら三者がパリに介入し、狂乱的な都市開発をしたのです。パリの行政はブルジョワ＝金融資本によって動かされておりました。皇帝、知事、金融家による行政と金融の癒着の構図があったのです。

パリ大改造はたいへん目覚ましいもので、二万棟の建物が取り壊され、四万三、七七三棟が新築されました。街路は拡幅され、あらたに開設されました。都市交通は潤滑なものとなり、大通りの沿道は高級住宅となってどんどん売られました。大通りが開通すると、ナポレオン三世が行進するという国家的イベントにさえなりました。いちばん変容したのはシテ島という中州の島でして、小さい住宅がぎっしり詰まり、街路といっても幅員二メートルもなかった街が一変し、商業裁判所、警察署、病院といった公共施設が建ち並ぶようになりました。

しかし「空間の生産」こそが都市暴動を生む。建設バブルは、地方から首都に多くの労働者たちを呼び寄せる。彼らは地価の安い特定街区へと集中します。それが社会紛争の原因を生みます。好景気のときはいいけれど、不況になると、労働者の街は失業者の街に一変し、暴動の温床となります。だから都市開発こそが暴動を起こす。投資こそが革命を生む。すばらしくも皮肉な方程式です。すでに一八六八年には金融家は破産状態であったそうです。オスマンに資金を提供していた金融資本家は崩壊します。一八七〇年、ナポレオンはろくに準備もしないままプロシアに宣戦布告、普仏戦争となって敗北します。国防政府、臨時政府ができます。一八七一年三月二六日、プロシア降伏に反対したパリは自治政府をつくります。それを「パリ＝コミューン」といいます。パリが自治政府をつくって独立して構築した世界最初の社会主義国家でした。言論の自由、婦人参政権、政教分離など大変進歩的な政策でした。しかし、パリは西側からヴェルサイユ軍（フランス政府軍）、東側からプロシア軍に挟まれます。パリの運命はいかに。

オスマンはパリ市域を拡大していました。あらたに市域となった周辺地区には労働者が大量に住みつきました。東北部のベルヴィルという地区も、労働者街となりました。そこは一八七一年の内乱時には労働者たちが立てこもる最後の牙城となりました。パリ＝コミューンの攻防において、ヴェルサイユ軍すなわち政府軍は南西から迫ってきます。しかしパリの東ではプロシア軍が駐屯しており、戦闘には参加しないものの、退路を絶っています。両者に挟まれたコミューン軍は後退し、最後にラ・ヴィレット、ベルヴィル、モンマルトルあたりに追い込まれます。つまり、労働者が集中した街区がそのまま、最後の反抗の拠点になります。そこに政府軍が集中攻撃をします。ヴェルサイユ軍は近代的な兵器を駆使して迫り、戦闘はたいへん厳しいものでした。そのなかでパリは君主制でもなく帝政でもなく、共和制を選ぶという意思表示をしました。しかし妥協はまったくありませんでした。都市は崩壊しました。ナポレオン三世がいたチュイルリー宮も、オスマンがいたパリ市役所も、焼き討ちされました。一八七一年の市街戦で三万人の犠牲者が出ました。

7　サクレ＝クール

こうした一連のうごきを、カール・マルクスはロンドンから横目で見て、いろいろ分析します。一八六七年に『資本論』を書きました。彼はナポレオン三世が大嫌いで、酷評します。そのおかげで皇帝はどうしようもない政治家とされ、漫画化さえされましたが、最近は評価されています。そのマルクスの流れを汲むルフェーブルはおもに二〇世紀における官僚主義的な都市計画学を批判しています。さらにハーヴェイは、二〇世紀後半の新自由主義経済を批判するわけです。

一八七一年、パリ大司教であったギベール枢機卿が教会堂の建立を提案し、モンマルトル丘のサクレ＝クール聖堂として実現しました。内戦のあとの「国民の融和」のモニュメントとして建設されたということは旅行ガイドにも書かれていますが、そんなに単純なことでもないようです。

サクレ＝クールを設計した建築家ポール・アバディは、中世の建築を研究し復元する専門家でもあり、教会建築を行政の立場から設計するいわゆる司教座建築家というポストにもついていた建築家でした。彼はその知識をもとに丸いドーム屋根が特徴的なサクレ＝クールを設計しました。丘の頂上にあり、今日、エッフェル塔とともにパリの都市景観にとって欠かせないものとなっています。

大司教ギベールがサクレ＝クール建設を呼びかけたパンフレットが残っています。「サクレ＝クール」(sacré cœur) とは神聖なる精神、キリストの御心とも訳せますが、直裁にはキリストの「心臓」のことです。一七世紀、のちに聖人となったある女性が、キリストに会った、という神秘体験をします。それがもとで、キリストの聖なる心臓への崇拝をちゃんと認めてほしい、というフランスのカトリックが、バチカンにお願いして認められた信仰のかたちだそうです。ですから、ギベール大司教がサクレ＝クールを祀る教会堂として建立を提案したのは、それがフランスの信心である、という理解がベースになっています。

その経緯をくわしく書いたハーヴェイは、教会堂の壁に彫られた「ガリアの悔悛」という碑文に注目します。ぼくなりに咀嚼して簡単に述べますと、ガリアすなわちフランスが内戦をしてしまい同国人で殺し合った、パリ市民三万人の命が失われた、その事件を後悔して神に詫びる、というのが最初の解釈として妥当です。しかしそれだけではありません。そもそもフランス革命において、フランスは教会を否定し、キリスト教を公共社会から追放するということをやっています。そもそも革命が罪であり、そののちの近代社会もそうであろう。さらにナポレオン三世は極端な物質主義の社会をつくり、拝金主義の都市改造をおこない、あげくに内戦の犠牲者まで出した。当時のカトリックはたいへん厳格で、あらゆる近代的なものを教義に反するとしていました。社会主義、共産主義、電車、近代文明そのものが教義に反するという時代ですから、ぜんぶ否定です。カトリックからすれば、革命の時代を神に謝罪するというのは、そんなに生易しいものではないはずです。

しかも、カトリックが悔悛のためのサクレ＝クールを建立していたまさにその時代、フランス社会は反カトリック的な社会を構築しようとしていた。とくに、教育、初等教育、国民教育を世俗化しようとしていた。これもまた反カトリック的な行為です。サクレ＝クール建立にはそれほど国民的合意があったわけではないと思います。一八七〇年代全般はそうであったようです。建立が議会で正式に決定されてからも、議会でなんども教会堂建立をストップさせようという議案が出されます。大半が社会主義勢力です。しかし、いちど始まった工事は止めたほうがお金がかかるということで、最後には一致しないわけです。

ところが最後の最後になって、じつはこのサクレ＝クールの敷地では、コミューンのメンバーも処刑されたということで、彼らのメモリアルにもなっているのではないかという発想が生まれてくる。そして第一次世界大戦になり団結してドイツと戦うことになると、前回ドイツと戦争したのは普仏戦争だ、ビスマルクと戦ったあの戦争だ、ということになる。そういう新しい空気のなかで、パリ・コミューンという災禍を鎮魂するためのサクレ＝クールは、対独戦争のための国民的一致団結の絆の証ではないか、という解釈も生まれてくる。そこまでハーヴェイは書いていませんが、この『パリ――モダニティの首都』がおもしろいのは、資本主義のもたらす、もしくは金融資本主義のもたらすさまざまな社会の変動、そしてその変動は必然的に社会の崩壊をもたらす大きな変動なのですが、それが終わって三万人の犠牲者が出たときに建てられた教会堂の意味をめぐっていろんな解釈ができる。ハーヴェイはそのいろいろな解釈について読者に委ねています。

解釈は委ねられているので、ぼくなりに感想を述べます。マルクスは第二帝政におけるパリの暴動を目撃しつつ危機意識を持ってロンドンで『資本論』を書いていました。デイヴィッド・ハーヴェイはグロー

写真２　サクレ＝クール聖堂，パリ

バル化時代における金融市場の暴走を見つつ『資本の謎』などを書いて、新自由主義を批判しました。だからハーヴェイが『パリ――モダニティの首都』で第二帝政を論じることは、マルクスを同時代的に生き直すことなんだけれども、でも彼が書かなかったことはこういうことでしょうか。サクレ＝クールという絆は、まことに矛盾に満ちたものであった。対立する諸勢力の共有された聖地、つまり矛盾するイデオロギーの持ち主がそれぞれのイデオロギーにおいて、たがいに無関係なまま、ひとつの建物を崇拝する。その共有の仕方において、やっと和解できるのである、という意味での絆ではないか。対立する諸勢力の、直接的にはまったく和解できない諸勢力の「共有された聖地」、大変矛盾に満ちた矛盾そのものを含んだ絆なのではないか、ということです。

＜キーワード＞

第二帝政　一八五二年から一八七〇年までのフランスの政体。国民投票によって選ばれた皇帝を国家元首とする。議会にたいして敵対的でありつつ、国民投票が権力の根拠であったので、人民主権的な性格もある。

新自由主義　一九世紀にすでにレッセフェール（放任経済）という名で産業家や金融家が自由に経済活動ができる自由主義経済はなされていた。二〇世紀にその原理を復活させて、新しい経済政策と組み合わせようという考え方を一般的に新自由主義経済という。現代に近いところでは、一九八〇年代のアメリカ大統領の政策レーガノミクスは冷戦の最終段階に勝つことに貢献し、イギリスのサッチャー首相によるサッチャリズムの政策は英国経済を回復させた。

原広司（はら　ひろし、一九三六～）　日本の建築家。『建築に何が可能か』（一九六七）などで近代性とりわけ空間概念を批判することから出発し、世界の集落を調査することで異なる空間構成の原理を探究し、その哲学を《梅田スカイビル》（一九九三）や《京都駅ビル》（一九九七）に反映した。その建築哲学は一種のコスモロジーの域に達している。

ミース・ファン・デア・ローエ（Ludwig Mies van der Rohe, 1886-1969）　ドイツ出身の建築家。ユニバーサル・スペース（均質空間）の概念を提唱した。バウハウスの校長を勤めたのち、アメリカに亡命し、高層建築をてがけた。きわめて観念的な建築観をもち、禁欲的な表情の建築を実現していったが、そのディテールには職人的な論理性と細やかさを求めた。

価値形態論　カール・マルクスが『資本論』などで展開した理論のなかで、商品の価値がさまざまな形態をとることが論じられたもの。本論では、使用価値などの具体的で実体的な価値と、価格などの数値的な価値との両面性をいう。

アンリ・ルフェーブル（Henri Lefebvre, 1901-1991）　フランスの思想家。マルクス主義をバックボーンとし、都市計画学を研究し、それらをもとに都市計画や産業によって規定される「日常性」そのものを批判的な論考の対象とした。多数の著作は初期から邦訳され、日本における都市計画や建築にも大きな思想的影響を与えた。

デヴィッド・ハーヴェイ（David Harvey, 1935-）　イギリスの地理学者。マルクス主義の立場から、地理、政治、経済を横断的に扱かい、鋭い論考を残している。都市に注目し、新自由主義経済にたいする批判的な立場から、グローバルな都市のあり方、新自由主義経済における都市の変容について警鐘を鳴らしつづけている。

アンドレ・ゴダン（Jean-Baptise André Godin, 1817-1888）　フランスの産業家、作家、政治思想家。シャルル・フーリエの思想的影響をうけて、ギーズ市に工場を建設し、あわせて勤労者住宅、劇場、共同洗濯場などの共同施設をも整備し、全体として産業ユートピアとでも呼べるものとした。

シャルル・フーリエ（Charles Fourier, 1772-1837）　フランスの思想家。産業革命、政治革命ののちきわめて流動的であった社会を改善するため、産業社会を批判して、共同体（アソシエーション）の創設を構想した。『四運動の理論』（一八〇八）など。のちに空想的社会主義として批判された。

ナポレオン三世（Napoléon III, 1808-1873）　フランスの元首。国民投票によって一八四八年に大統領に選ばれたのち、皇帝として一八五二年から一八七〇年まで在位。ナポレオンの甥。産業社会の確立をめざしたサン＝シモン主義の信奉者であり、産業や金融の制度の近代化、都市改造に力をいれた。

オスマン（George-Eugène Haussemann, 1809-1891）　フランスの政治家。一八五三年から一八七〇年までセーヌ県知事。ナポレオン三世に命じられ、パリの大改造を成し遂げる。市域拡大や、道路、上下水道、公園などのインフラ整備、大量の住宅供給は彼の功績である。ただし財政上の問題が当時から指摘されていた。

ペレール兄弟（Jacob Rodrigue Emile Pereire 1800-1875, Isaac Rodrigue Pereire 1806-1880）　フランスの金

融家。ナポレオン三世の金融政策に後押しされ、国民から資金を集めて産業に投資するクレディ・モビリエ銀行の創設と運営に中心的な役割を果した。とくに鉄道建設に力をいれ、全ヨーロッパ的な鉄道網建設という野心をいだいていた。

サン＝シモン主義　サン＝シモン侯ことアンリ・ド・サン＝シモン（Claude Henri de Rouvroy, 1760-1825）が抱いていた来るべき産業社会のヴィジョン。社会の近代化のためには指導者としての官僚が重要な役割を果たすべきと考えていたので、エリート層への影響が顕著であった。

＜キーブック＞

原広司『建築に何が可能か』（學藝書林、一九七四）　一九六〇年代に顕著であった近代建築を批判するという態度から出発し、空間、単位、機能、部分と全体といった根源に回帰しつつ、有孔体といった新しい出発点を構想する、若さに満ちた、今日でも刺激的な建築理論。

アンリ・ルフェーブル『日常生活批判』（奥山秀美・松原雅典訳、現代思潮社、一九六九）　現代人の資本主義社会における日常生活がいかに構成されているかをマルクス主義の立場から批判的に論じた書。ひらたくいうと資本や官僚の論理が日常世界を支配しているということ。また生産の局面ではなく、消費や文化にそくして論じているのが特色である。ただルフェーブルは、近代以前の農村社会、シュルレアリスムといった近代アートなどとの比較のうえで深い考察を、現代社会についてなしている。戦後の都市論を語るうえで欠かせない書。

デヴィッド・ハーヴェイ『パリ　モダニティの首都』（大城直樹・遠城明雄訳、青土社、二〇〇六）　いわゆる新自由主義経済に批判的であるハーヴェイが、その新自由主義の最初の典型例とした一九世紀のパリを題材とし、狭い経済学の分析ではなく、都市空間、金融、国家制度、労働者の実態、消費社会、芸術、記念碑建造物などあらゆる都市の局面を横断して、自由主義にもとづく経済が展開することを示したもの。たんに批判の書であるにとどまらず、異なるさまざまな分野が連動して有機的に挙動するさまを描いている。

一九世紀ドイツにおける音楽

山内　泰

1　芸術が人びとをつなぐ

山内と申します。ＮＰＯ法人ドネルモの代表理事を務めております。ドネルモでは、「自分たちで、自分たちのためのサービスをつくりたい」とか「自分たちなりに、状況にアプローチしたい」と考えている人たちをサポートしたり、あるいは実際に自分たちでも動いてみるなど、市民活動のインフラを整えていく活動をしています。もともと、最後に発表される古賀先生の研究室のプロジェクトとしてスタートしました。わたしが博士課程に入学したさいにスタートし、いまは大学から独立してＮＰＯ法人としてやっております。

わたしは博士課程で美学の研究をしていました。今日これから話す、テオドール・アドルノ*という二〇世紀ドイツの哲学者、美学者、社会学者であり音楽評論家にして作曲家でもある人物の理論的研究に勤しみドクター論文を書いたわけですが、そのさいの主査が土居先生でした。そんなさまざまな絆のなかで、今日こうしてお話しさせていただくかたちとなり光栄に思っております。

つぎに今日のわたしのスタンスについてです。この公開講座では、環境設計のさまざまな先生方が、それぞれのご専門の立場から「絆の環境設計」についてお話しされます。とりわけ東日本大震災以降、「絆」

という言葉には、「現実的な助け合いや人のつながり」といったイメージが強いのではないかと思います。そこには、いままでに実際にあった人のつながりや助合い、都市や生活のインフラが壊れてしまったあとで、どうやってもういちど、具体的な人びとのつながりを取り戻していくか、という問題意識があるでしょう。

ただわたしがいまからお話しするのは、それとはちょっとニュアンスが異なります。今日は芸術やアートといった表現や作品が、人びとをつなぐ紐帯として、つまり絆としての役割をこれまで担っていて、これからはどんなかたちがありうるのか、という話をしていきたいと思います。その意味で、今日のテーマに該当する話です。だから具体的な作品の話には触れはするものの、いきおい抽象的な話になるかと思います。

さて話を進めましょう。「芸術が人びとをつなぐ」ということについて、今日は音楽を中心に話します。古来より人びとは、音楽によってなにかしらのつながりを生み出してきました。儀式や祭典のさいの音楽、民謡、労働歌。あるコミュニティに自分が属していることをあらためて確認する場、つまり「ああ、自分はこの人たちと同じ集まりのなかにいるのだ」ということを実感する場、たとえばお祭りなんかはその典型です。そんな場で、音楽は、実体的なものではないのですが、人びとがおたがいに結び付いていることをみずから再確認するうえで重要な役割を果たしてきました。「みんなであの音楽を聞きながら盛り上がった」といった経験をとおして、人びとを結びつけてきた。たとえば先日、福岡市で中洲祭りが開催されていました。今日の会場の冷泉荘ちかくの川の上にステージが設えられ、そこでＤＪが「セプテンバー」をかけると、街を歩く人たちがみんな「バーディヤ！」って踊る。そういう感じです。ずっと昔からも、いまでもそういう感じです。まずはそこを確認しておきましょう。

そのうえで、近代——といっても大雑把なのですが——の音楽の話に進みましょう。ここで問題になっていたのはこんなことです。つまり、田舎のようなある特定の地域ではなく、そこから離れて、より多くの、より多様な、バラバラになっている人たちをもういちど結び付ける役割としての絆としての機能が求められるようになったと、いうわけです。

土居先生の先ほどのお話は一九世紀パリでしたが、はからずも今回のわたしの話は一九世紀ドイツあたりの話です。入口として、ベートーヴェン*の交響曲第九番を参照しましょう。日本では年末になるといたるところで演奏されるあの曲です。第四楽章で歌われる有名なメロディ、その作詞をしたのはシラー*という詩人です。この歌詞の一部に、次のような箇所があります。「時代の流れが引き裂いてしまったものを、喜びの魔法がふたたび結び付けてくれる、すべての人類は皆兄弟となるのだ！」と。ここで「喜びの魔法」とは音楽のことです。音楽をとおして、全人類が兄弟となるのだとベートーヴェンは歌い上げたわけです。ベートーヴェンが第九を作曲した一八二四年、ドイツはまだ国としてまとまっていませんでした。お隣のフランスがはやばやと革命をとおして近代的な国民国家を形成していったのを追いかける後進国だったドイツの一部で、こうした理念先行型のモデルがたからかに登場したのです。

2　ヴァーグナーとハンスリック

このベートーヴェンの理念、つまり「音楽をとおして、ばらばらになった人たちをふたたび結び付けること」に、一九世紀ドイツで、ふたりの人物がそれぞれのやり方で応えようとしたというのが、わたしの見立てです。ヴァーグナー*と、ハンスリック*です。

まずヴァーグナーは一九世紀ドイツの作曲家です。クラシック好きの人にはおなじみですね。もっとも彼は作曲家としてはもちろん、社会思想家にして社会活動家、革命家でもありました。音楽をとおして、まさに人びとに訴えかけようとしていたのです。

もうひとりのハンスリックは、一九世紀ウィーンで活躍した音楽批評家、音楽美学者です。さらに今風に表現すれば、コンサート・プロデューサーのような仕事もしていました。美学の領域でハンスリックはわりと有名で、二〇世紀に大きな影響を与えた「芸術の自律性」の理論的なきっかけを与えた論文「音楽美について」で知られます。簡単にいうと、「音楽は、なにも具体的な表現をしておらず、抽象的な音相互の結び付きによってのみ成り立っており、それゆえに純粋で他の表現ジャンルに依存していなくて素晴らしい」といったことを主張しました。

このヴァーグナーとハンスリックは、おたがいに考え方は違うのですが、共通の課題について考えていました。

ひとつは対イタリア音楽問題です。これにはすこし説明が必要でしょう。ドイツには一九世紀の初頭にベートーヴェンのような作曲家がいたものの、一般的には圧倒的にイタリア音楽が人気でした。イタリア音楽を好んで聞いていたのは貴族階級やその趣向に倣う市民階級です。このイタリア音楽とドイツ人の関係性を、ハンスリックもヴァーグナーも問題視していました。たとえばハンスリックによれば、こういうことです。イタリア人のイタリア音楽の楽しみ方は、三時間もあるオペラを全部じっくり聴くのではなく、カフェでお茶したりおしゃべりしたりしながら、有名なアリアの箇所になると、ぞろぞろとホールに集い、歌手が一番を歌うころまでざわついていて、二番になるころにようやく聴きはじめ、三番をじっくり聴いてブラボーという感じだ、と。こうした音楽の楽しみ方は、しかしドイツ人には馴染まない。聴き所とそうでないところを区別せず、じっと三時間まじめにじっくり音楽を聴いてしまう。そんなドイツ人には、イタリア音楽ではなく、じっくり集中して密度の濃い音楽がふさわしいはずなんだ、というわけです。じっさい彼らにとって三〇歳くらい年配にあたるベートーヴェンみたいな作曲家の残した音楽があった。そこで、ベートーヴェン的＝ドイツ的な音楽をとおして、ドイツはドイツで絆を結び付けていきたいという思いがあったのです。これが課題のひとつめです。

そしてもうひとつの課題、こちらはかなり重要なのですが、ハンスリックもヴァーグナーも、聴衆のあり方や音楽の聴き方、どういうふうに音楽を聴くべきか、にただならぬ興味関心を持っていました。

このように、彼らは「自分たちのコミュニティ、共同体、社会にふさわしい音楽作品をとおして、人びとを結びつける」という共通の課題に取り組もうとしていたわけです。ただそのやり方が、両者ではだいぶん異なっていました。

まずヴァーグナーという人の考え方について紹介しましょう。彼は自分たちの民族の根源を掘り起こそうとします。ゲルマン民族の神話など民族の根をひたすら追求し、そこからすべてが派生してきたといえそうな根源的なものを創作作品の軸にすえようとしました。そんなゲルマン濃度一〇〇パーセントみたいな要素を自分の音楽作品に綿密に折り込むことで、人びとを結び付けようとしたのです。

具体的に音楽のレベルでは、聴き手がひたすら没入できるような音楽を志向しました。音楽と聴き手が距離感を持たずに、音楽と一体化し、音楽に身を委ね、音楽に浸されているようなあり方です。そんな経験をとおして、ゲルマン濃度の高い音楽が人びとに浸透し、おたがいにつながり合うというわけです。

作曲技法の面でもいろいろな工夫をこらしていましたが、ヴァーグナーは音楽が演奏される環境にもこだわり、バイロイト祝祭歌劇場というものまで建設してしまいます。これはヴァーグナーの作品を上演するためだけに設立された歌劇場で、とりわけ徹底していたのは、オーケストラのメンバーが聴衆から見えないようにオーケストラ・ピットが設計された点でした。聴衆の眼前には舞台しかなく、音楽は下のほうから鳴り響く。いまの映画館の先駆的なかたちです。それは、聴衆が作品世界に没入するための空間演出でした。

自分たちの民族に根ざした作品を、徹底的に効果的に人びとに塗り込んでいく。こんなヴァーグナーの戦略は、当時から、強い影響力を持っていて、ドイツのみならずフランスでもボードリヤールのような人たちのあいだで大人気でした。その受容のあり方を研究していたラクーラバルトという人は、そこでの人びとのヴァーグナーにたいする関係を、「作品への絶対的な服従」と指摘しています。圧倒的なカリスマのもとに集う人びとというかたちですね。ヴァーグナーは、ベートーヴェンの理念にたいして、「じゃあほんとうに、人類みな兄弟と思える経験ができる音楽作品をつくるよ」と応えたといえましょう。

そんなヴァーグナーと、彼の音楽を聴くために音楽祭が開催されるバイエルン州の都市バイロイトへ集う聴衆を「カルト」と痛烈に批判していたのがハンスリックでした。ハンスリックは、音楽をノンバーバル（非言語的）コミュニケーションのメディアとして捉えていました。ベートーヴェンの第九もヴァーグナーの楽劇もドイツ語ですが、それだとドイツ語がわかる人しかわかりませんが、その点、音楽は言語を超えるというわけです。だからハンスリックによれば、音楽から言葉（歌詞）は消えるべきで、純粋に音楽だけで、音楽をとおして、人びとが非言語的なコミュニケーションをしていく場を準備していこうと考えました。

それは具体的には、演奏会活動というかたちで構想されました。それはいまでもアクロス福岡（福岡市のコンサートホール）でやっているような通常のコンサートのことです。お客さんが自分たちでお金を出して、ホールみたいなところに集い、演奏を聴く。お正月にやっているウィーンフィルのニューイヤー・

コンサートの会場はムジーク・フェラインザールといいますが、これは楽友協会という、いわば音楽好きの同人の集まりのためのホールです。自分たちでお金を出し合って、自分たちが聴きたい音楽を聴く場所として構想されたわけです。

そこでハンスリックが考えていたのは、ドイツ人が創作してきた音楽の固有性でした。ヴァーグナーがゲルマン民族の固有性を求めて神話に取材したのにたいして、ハンスリックはドイツ人に適った音楽のあり方を、ドイツ音楽の歴史に求めたのです。ハンスリックが評価したのは作曲家ブラームス*でした。ブラームスの音楽のうちに、ドイツ音楽の歴史が凝縮されていると考えたのでした。天才のぱっとしたひらめきや気軽に鼻歌で歌えるようなキャッチーさではなく、作曲技法を駆使し、緻密にじっくり、複雑に作曲された音楽こそドイツ音楽だとしました。そんな音楽はいきおい難解になります。「ちょっと聴いただけではわかりづらいが、じっくりなんども聴くとその真価がわかる」ということがまさに価値となり、それが「精神的に深い」などと表現されました。

そんな音楽作品にたいする聴き手の態度も、ハンスリックは問題視しました。音楽にわれを忘れて没入するのは音楽を聴いたことにはならず、入念に構築された作品を、理性的にじっくり聴くことではじめてその真価がわかると考えました。

ふたりの実践は、結果としてはかなり成功したといっていい。つまり制度化されました。ハンスリックが考えていたような演奏会活動は、たとえばアクロス福岡のような場所で展開されているし、ヴァーグナーの考えていたような表現のあり方は映画のようなメディアに結実した。このように成功してはいるのですが、人びととの結び付け方という観点からすれば、はたしてどうなんだろう、と思うわけです。

3　音楽の聴き方はこれからどう変わるか

ヴァーグナーの路線は、ナチス・ドイツのように単一性、純粋性を志向するナショナリズムに利用されました。いっぽうハンスリックの路線では、人びとをつなぐ紐帯だったはずの音楽作品が、「その作品だからこそ人びとがつながるのだ」というかたちで形成が逆転してしまった。それをとおして人びとが結び付くというよりは、「人びとを結び付けている音楽作品をありがたく聴く」というトップダウン型になってしまった。そうやって、絆として、人びとを結び付けたいという動機から始まった近代西洋音楽が、上から絆を当てはめるかたちになってしまったのが、一九世紀のこのふたりです。

じゃあなにが良くなかったのか。「作品」というあり方が悪かった、のではないでしょう。むしろ問題は、ハンスリックもヴァーグナーも、「こういう聴き方＝関わり方でなければ、音楽作品をとおして人びとはつながれないのだ」というかたちで、音楽との関わり方を固定してしまったところにあったのではないか、と思います。

アドルノの引用は省略しますが、「関わり方が固定されてしまう」という問題点にたいし、ぼくが指摘しておきたかったのは、作品への解釈、聴き方を多様なかたちで組み替えていくことが、「芸術をとおして人びとをつなぐ」というときには大切になってくるのではないか、ということです。

それは、「どういう作品を創造していくか」という話ではなくて、つまりハンスリックやヴァーグナーの考えていたアプローチの方向性ではなくて、「作品とどういうふうに接するか」というリテラシーを豊かにしていくという話です。

たとえば、どういうふうに関わってもいいよというリテラシー・フリーという考え方。あるいは、ひとつのものを聴いているんだけれども、それぞれがそれぞれの意味をそこに見い出し、結果として、いろんな音楽が聴かれているような状況。同じものを聴いているのに、そのつど、なんども楽しめるような状況。そうやって音楽や作品との関わり方が固定されず、どんどん豊かになっていくようなあり方を実現する仕組みや方法論が、いま求められている、と思うのです。

そこで参考になるモデルを、今日の日本のなかに求めることができます。たとえばニコニコ動画です*。これはインターネット上の動画共有サービスで、その点では YouTube と同じです。ただニコニコ動画は「動画の画面上にコメントを書き込める」というサービスが特徴です。それにより「ひとつの作品にたいして、いろんな人があれこれコメントできる」という仕組みができ、あらたに「作品をめぐるコミュニケーション」が生まれました。それは「ただ作品をまねて演奏する」といったコピーのレベルを超えて、ひとつの作品をハブにして、さまざまなつながりが生まれ、さらに二次、三次の創作物がどんどん生まれていくというn次創作です。

日本経済新聞のある記事は二〇一二年に開催されたニコニコ動画のお祭りを紹介しています。ニコニコ動画はウェブ上のサービスなんですけれども、ウェブ上で盛り上がっているだけではなく、現実にさまざまな人びとのつながりを生んでいます。

このように音楽の聴き方とは、音楽をとおしての人と人とのつなげ方という課題であったのです。

<キーワード>

テオドール・アドルノ（Theodor W. Adorno, 1903-69）　フランクフルト学派を代表する二〇世紀ドイツの思想家。哲学、社会学、美学、音楽学などの幅広い領域で思索を展開し、多数著作を残している。

ベートーヴェン（Ludwig van Beethoven, 1770-1827）　ドイツの作曲家。ウィーン古典派を代表し、後続するロマン派の先駆けとされる。本論で話題にしているのは、交響曲第九番ニ短調「合唱」（一八一五〜一八二四）。なおシラーの原詩を用いるにあたり、ベートーヴェンは一部分を追加し改変している。

シラー（Johann Christoph Friedrich von Schiller, 1759-1805）　ドイツの詩人、劇作家、歴史家、思想家。ベートーヴェン交響曲第九番第四楽章で歌われる『歓喜に寄す An die Freude』の作者。

ハンスリック（Eduard Hanslick, 1825-1904）　一九世紀のヴィーンで活躍した音楽批評家、音楽美学者。音楽外的な内容に依拠しない純粋器楽に代表される「絶対音楽」の美学を展開し、また批評家としてブラームスに代表される器楽中心のドイツ音楽を積極的に擁護したことで知られる。

ヴァーグナー（Wilhelm Richard Wagner, 1813-1883）　一九世紀ドイツの作曲家。従来の（おもにイタリア）オペラへの反省にもとづいて、音楽、文学、舞踊、絵画、建築が一体化し、融合した総合芸術としてのオペラ作品を創作。その作品は「楽劇 Musikdrama」と呼ばれる。

ブラームス（Johannes Brahms, 1833-1897）　一九世紀ドイツの作曲家。器楽音楽を中心に、ロマン派全盛期にあって、古典的な趣向も取り入れた作品を残す。

ニコニコ動画　株式会社ニワンゴが運営する動画共有サービスのサイト。一般会員三二〇〇万人、有料会員約二〇〇万人（二〇一三年六月現在）。動画に閲覧者が自由にコメントでき、そのコメントが画面上に表示される点を特徴とし、さまざまなネットワークを生み出し、多様な創作活動を誘発している。

＜キーブック＞

吉田寛『ヴァーグナーの「ドイツ」――超政治とナショナル・アイデンティティのゆくえ』（青弓社、二〇〇九）　一九世紀ドイツにあって、複数の「ドイツ」のイメージがせめぎあうなか、ヴァーグナーが音楽芸術を紐帯として、いかなる人びとのつながり――絆を打ち立てようとしていたのか。この問題をめぐる思想を、ヴァーグナーをはじめ、膨大な文献研究から説き起こす気鋭の美学研究書。

濱野智史「ニコニコ動画の生成力」（東浩紀・北田暁大編『思想地図vol.2 特集ジェネレーション』所収、日本放送出版協会、二〇〇八）　ニコニコ動画で営まれる創作のあり方を、創造力（creativity）にたいする生成力（generativity）として位置づけ、その成立条件を、ニコニコ動画に固有の「コメント」や「タグ」などのアーキテクチャの側面から考察した論考。

「絆」をこえる絆の可能性

古賀　徹

1　「絆」について

哲学の話を聞いてもポジティブな元気は出ないのですが、ネガティブな情熱は湧いてきます。たとえばこの講座では「環境設計をとおして絆をいかにつくっていくか」というテーマを議論しているわけですが、わたしはこの「絆」という言葉になぜかポジティブな感覚を持てないのです。そこで「なぜ絆という言葉に嫌な感じを覚えるのか」とネガティブに考えることになる。

東日本大震災で、同時に福島原発の事故が起こりました。そこには低線量被爆の現実が生じています。政府が安全だと宣言しても、子どもを連れて避難したいと考える人たちがいます。でもいっぽうでそうした避難が難しかったり、避難した人たちが後ろ指を指されたりという話も伝えられています。たとえば二〇一一年の六月一一日にツイッターで発せられたこんな声が報告されています。「福島から埼玉へ自主避難中。毎日毎日、義理父、義理母、旦那から。絆を守ろうというキャンペーンが大々的におこなわれると、旦那から戻ってこいと非難の電話。なぜ危ないいま、戻らなくてはならないのか？　子供たちをいちばんに考えてくれとお願いしても長男の嫁なんだから、と責められる」（深尾葉子、二〇一二、キーブック参照）。

こうした状況下で、絆を大切にというキャンペーンが無反省になされると、地域や人びとの「絆」を断ち切る存在として、避難者が否定されていくことにつながってしまいます。

「絆」という言葉を漢和辞典で調べてみると、馬の足にからめて動けなくする紐という意味があるんです。そこから人を束縛する義理人情といった意味も出てくる。動詞の意味もあって、それは「縛って行動できなくする」ということです。「絆、絆」というたびに逃げられなくなる雰囲気が漂ってきませんか。

農業に基礎をおく定住社会においては、家は生産の単位でした。家畜を飼って集団で穀物などを生産していた。そこで家畜や人びとが「もうこの家、嫌だから」といって逃げ出すと、生産ができなくなって全員が飢え死にしてしまう。女の人が逃げてしまうと生殖ができなくなって家が絶えてしまう。だから家から逃がさないために紐で縛るんです。家畜の場合はリアルな紐で、「嫁」の場合は義理人情とか義務感とかそういう紐で。

生産、生殖を基礎とする家を、ギリシャ語でオイコスと呼びます。これは経済をあらわす英語のエコノミーの語源になっていますが、このオイコスが強い絆をつくる。家は別の家と地縁や血縁でつながり、そこから生産を基礎とする共同体が生まれる。

この共同体がめざしているのは、生存をつないで生殖すること、つまり生命をつなぐことです。こうした生命のあり方を古代ギリシャでは「ゾーエー」と呼びます。ギリシャ人たちは、こういうあり方を「たんに生きるあり方」であり、「よく生きるあり方」から区別しました。ギリシャ人にとって「よく生きる」ためには、たんに生存をつなぐことを自己目的化した生のあり方を否定して、生存をあえて危険に曝してでも高みをめざさなければならない。たんに生存をつなぐことは、絆で縛られた家畜や奴隷の仕事であり、ギリシャの自由市民のなすべきことではない、というわけです。

2　ギブ・アンド・テイク

本日の話題はモダニティなのですが、この近代性*というのは、封建時代に地縁血縁の生産共同体に縛っていたあり方から人びとを解放して、自由な市民にするということとふかく関わっています。近代国家のありかたを理論化したホッブズ*は、シヴィル・ステイトという概念を提示します。これはふつう国家と訳されてますけど、直訳すると市民状態です。市民としてのあり方が成立するような空間や場所という意味です。そこでめざされたものは、古い絆からの解放です。

人びとは生産共同体に縛られて、たんに生をつないでいく「自然状態」から離脱して、よく生きることをめざして自由な関係をつくっていく「市民状態」に移行する。市民状態において人びとは自発的に結びつき、新しい環境をつくっていくわけです。そこにはいつも離脱の自由がある。いまの関係性があまり良い関係性ではないと感じられれば、いつでもそれをやめられる。

重要なのは、自由な関係性においては、関係が成り立っているときでも、つねに、関係の中止が意識されているということなのです。関係をやめたときのことを考えて、いまの関係の意味が意識される。関係はつねに離脱の可能性とともに、その意味をかろうじて保つわけなのです。

自然状態と市民状態の対比は、農村と都市の対比でもあります。地べたで這いつくばって生きている農民の生活から離脱して、都市に出てさまざまな出自の多様な人びとと自由な関係をつくって自己実現を図る。自由な人間関係をとり結ぶことで、垂直方向へ上昇していくイメージです。英語でいえば、古い共同体をコミュニティ、新しい自発的な共同性をアソシエーションと呼びます。モダニティとはさしあたり、コミュニティからアソシエーションへの移行として定義できます。

都市における自由で離脱可能な関係性の代表格は市場と契約です。市場は売り買いですね。これは契約の一部です。契約というのはもっと広い概念で、たとえば結婚も契約です。いちおう「死がふたりを分かつまで」などといいますが、かならずしもそうではありません。契約は基本的にギブ・アンド・テイクです。おたがいがよりよい状態になるために、自発的に関係を結ぶのですから、どちらかが一方的に損をしては成り立ちません。これを契約の互恵性といったりします。この互恵性の判断は、それに関わる主体が自由に判断し、自己決定するのです。この関係は、ギブ・アンド・テイクですから、一方が他方に提供するものがなくなった時点で終わります。たとえば労働契約は、労働者が怪我をして障害を負ってしまうとか、年をとって労働できなくなるとか、雇用者が賃金を支払えなくなると終わります。

　こうした近代的な関係性は、個人を自由にするという点では良いのですが、ふたつの問題があります。ひとつはそうした自由なはずの関係性でも、軛、ルソー*の言葉を借りると「鉄鎖」に変質してしまうというものです。自由になるためには、生存を確保しなければならない。そのために自由なはずの関係性が堕落してしまう。アソシエーション、コーポレーションということばがありますが、そうしたことばには会社という意味もあります。会社とは、たしかに、いい人生を得るために自由に結社されたはずなのだけれど、なぜか会社に縛られる。

　その典型が近代的な家族です。生産を目的とした古い封建的なイエではなくて、近代の核家族は、両性の自由な同意によって成立するいわば消費のアソシエーションです。愛と自由によって育まれているはずなのだけれど、いまやとても大きな問題を抱えています。自分の人生を縛り、自分を不幸にする関係からはいつでも離脱できるはずなのに、家族や親子関係そのものが逃れられない不幸の源泉になっている。自由のための条件が自由の桎梏に転化するわけです。そんなはずはないのに、目に見えない家畜の紐でぐるぐる巻きに縛られているわけです。

もうひとつの問題は、関係性が自由であるがゆえに、相手に与えるものがなくなると関係が失われ、自分が棄てられるという不安です。通常の社会は互恵性によって成り立つのですが、東日本大震災や原発事故のような大規模な災害が生じるとそうした互恵性のシステムが破壊される。なにも与えることができない人びとがなん万、なん十万と大量に生みだされる。そのとき人びとは都市の市民の立場から放逐されて、難民になってしまう。

そのときに、単純な互恵性ではないつながりを確認したいとみんな思うわけです。それで「絆」という古い概念が呼び出されてくる。自由になると同時に不安が生じ、たとえ与える物がなくなっても「○○してくれるよね」というかたちで、ギブなしの、無条件のテイクを常に要求する衝動が生まれる。

これは、契約社会のギブ・アンド・テイクが全面化すればするほど不安が生じ、それゆえにかえってギブがなくてもテイクを得ようとする強迫性が増してくるという悪循環です。そのぐるぐるした悪循環のなかから、「絆」ということばが幻想のように浮かんでくるのです。

これは制度的には物質的な安全保障として福祉国家とか社会保障とか、民間の保険契約、家族の扶養義務とかいうかたちで契約を再編する力を生みだします。だがそうした絆の再編が叫ばれるいっぽうで、そういう相互扶助、福祉のシステムに「ただ乗り」していると見なされる人びとが絆を壊す存在として否定され、憎悪され、排除されていく傾向も同時に生じます。

問題は精神的な安全保障です。ひとりでさびしく老いていくのは嫌だから、まず子どもが欲望の中心になる。子どもやパートナーや友人を自分の安心のためにコントロールし、制御しようとする。自分が自分でいられない不安、空白をだれかに埋めてほしい。一刻もはやく補完してほしい。たとえば携帯のメールやＳＮＳの返信強迫にもそういう傾向はある。

それから補完の洗練化というのもあります。洗練され、先取りするかたちでケアしてほしいと要求される。空気を読んで、違和感を与えないように、相手に合わせなくてはならない。その期待に応えられない人は「こいつは絆が全然ない」と責められる。この傾向がもっと進んでいくと「どうしてわたしの気持ちを察せないんだ」と相手を責めつづける人格的依存や共依存状態になってしまいます。

悲劇を排除したい、とくに自分だけがひとりでつらい目にあう、さびしい目にあう、そういうことを前もってできるだけ排除したい。できるだけ全員で、苦痛を薄めて共有して、がまんしあう。そこでひとりだけ「逃げ出す」人がいると、全力で非難する。「がんばろう○○」というかけ声のなかにも、そういう抑圧をわたしは感じてしまいます。

自由な人間関係がなぜこうした拘束に変わってしまうのかといえば、おそらくそこには、ギブ・アンド・テイクの強迫があると思うのです。なにかを与えたらそれにお返しがあってしかるべき、という論理を突き詰めていくと、相手からのお返しを無限に期待するかたちで相互が義務感や罪悪感を共有しあって、おたがいがおたがいを責め合い、縛り合うことになる。相手からテイクを無限に要求するかたちで、絆の確認がなされるようになってしまう。

せっかく近代がやってきて、古い絆から抜け出して自由な人間関係になったのに、また元に戻っていくんです。縛り合いたいですか、古い絆に戻りたいですか、という問いが立てられるかなと思います。「絆の環境設計」がこの講座のテーマなのですが、ここでいう環境設計の「絆」がこういう拘束であってはならないわけです。そこでどういう絆がいま求められているのかを考える必要があります。

3　ジャック・デリダの「歓待」

ジャック・デリダ*という現代フランスの哲学者が『歓待について』という本を一九九七年に書いています。フランスには極右の国民戦線という政治勢力があって外国人労働者をフランスから追い出そうという主張をしています。フランス人の雇用を奪い、福祉にただ乗りしているという移民排斥です。デリダはそうした状況下で、異邦人にたいする「おもてなし」、「歓待」を主張します。

近代の権力というのは基本的に契約や合意をもとにしています。法にもとづく国家権力でさえ、人びとと国家のあいだの契約にその力の源泉を負っている。そしてその契約が力をもつのは、それがギブ・アンド・テイクの関係だからです。国家が犯罪者を処罰できるのは、法を守るかぎりで国民の権利が保障されるという利益があるがゆえなのです。

これにたいしデリダは、純粋なギブ、おもてなしそれ自体によって構成される権力があるという主張をします。たとえば人をおもてなしするときに、ホストないしホステスは、人びとにサービスする、振る舞うがゆえに権威が成立して、人びとはそれに従います。でもそれはとても脆弱です。なぜならそこでゲストが十分な返礼を返さない場合には関係が終わったり、ぎゃくに敵対関係が生まれるからです。「すごく良かったです、楽しかったです、ありがとうございました」と一生懸命いわないと、「なんだ、あいつは」となる。だから純粋なギブの場はたしかに存在するけど、とても脆弱ということになります。わたしもどこかでご馳走になったあと、翌日にお礼状を出したりするのがなぜかとても苦手なのですが、これはとても危険です。

デリダはこの本で、旧約聖書の創世記に登場するロトの物語を引用して、歓待の掟について論じています。

古代ギリシャにも、ヘブライにも、いちど客人として招き入れたからには、いかなることがあってもその客人に危害を加えてはならないという掟があります。ロトは神の使いである異邦人を自分の家に泊めたのですが、そこに武装した追っ手がやってきた。客人を引き渡さないと皆殺しにするという。そこでロトは、身代わりに自分のふたりの娘を慰み物として追っ手に引き渡し、見ず知らずのその異邦人を救おうとたという話をデリダは書いています。このロトの話にはさまざまな解釈が可能で、もちろん家父長制の典型として批判の対象とすることも可能なのですが、ここでデリダは、ギブ・アンド・テイクからなる共同性を乗り越える契機をこの話に読みとっているのです。

つまり娘を引き渡せば、家族という自分にとっていちばん大切な共同性を破壊することになる。彼は家族から憎悪され、その判断は地上のだれからも評価されない。自分自身の心も壊れてしまうでしょう。ただ助かるのは、縁もゆかりもないその客人だけです。その客人は異邦に去っていく。ロトはすべてを犠牲にして客人に与え、客人を歓待せよという掟を守りぬくのですが、その対価をまったく受け取ることがない。ここでロトは掟のために完全な孤立、自分自身からの孤立を引き受けるのです。

ではその個人を支えるものはなにかといえば、その歓待の掟を守っていることを見てくれる存在、つまり神だけです。旧約の世界というのは世間と神の二者択一を迫る側面をもっています。さきほど述べたように、自分の欠落を通信手段で瞬時に補完するとか、地縁血縁の共同体を守る、身近な友人、家族を守って絆を確かめる、そういう地続きの論理を乗り越えるものとして歓待の掟というのがある。

これを読んで、わたしはキリスト教徒ではないですから、ちょっとそれはないだろうとさすがに思うわけです。一神教の絶対の神やそれに支えられた完全な孤立ではなく、だけど古い絆を乗り越えるようなものとして、どういう歓待の論理が考えられるか。そこで、宗教を世俗化することを考える。神の前の孤立から共同体のなかの個人への移行を考えるのです。

個人とは自分を補完してくれず、つまりテイクを返してくれなくても、その空白にあるていど耐える存在です。ロトのような聖人にならなくともよい。ギブだけのあり方に脆弱とはいえ、あるていど、なんとか耐えうる存在である。ぎゃくにいえば、その空白に耐えるときにはじめて個人という殻がつくられるのです。

だから携帯でいつもいつも補完ごっこをやっているときは個人じゃない。そのときギブ・アンド・テイクの連鎖のなかに引きずり込まれてるんですね。相手がなにかやっても返さないことに耐える。こちらがなにかやっても、返って来なくてもそれに耐える。そういう建前を立てて、それを守ろうとすれば、そのときに個人の殻がつくられる。これが自立への第一歩です。いつも取引や補完を求めるような生き方は支配とか家とか古い絆に戻ってしまう。これにたいして、補完を拒絶して相手にギブするけど返って来なくてもかまわないという、その可能性に賭ける存在として自由な個人がある。

4　個人のフォルム

そのとき古い絆にかわるなにかが来ると思うのです。しかしそれはこういうものだと、契約書のように実体的に示すことができない。テイクが返ってこなくても、戻ってこなくても自分はこういうようにやると決めて、それを貫くときに、個のスタイルが生まれてくる。スタイルを持った個人だけが新たな絆をつくることができるのです。

空白を抱え込んだ個人は基本的に自分の問題を自分で引き受ける。相手が困っているとか、辛いとか、さびしいというところに這い寄り、それを直接的に補完するのではない。そのときにはべったりとくっついていますから、スタイルもなにも生まれる余地がない。それはあなたの問題、あなたが解決することなんだと突き放す。同時に自分の問題も、それは自分が解決すべきことなんだと覚悟する。It's your business, It's my business. というかたちですぱっと切る。そのとき、人と人とのあいだに、スタイルを可能にする距離というか空間が生まれるわけです。そこから個人にたいする尊厳、リスペクトが生まれるのではないかと思います。

　ここで個人はどうつながるかという問題があります。距離を取るだけでは新しい絆は生まれない。そこで三つの次元を考えたい。まずは救援、ヘルプです。これは緊急に助けないと死んでしまうというような局面です。つぎに支援、サポート。これはその人が自立した個人になれる条件を整えるために一定ていどは持続的に関わる。そのつぎは連帯、ラポールです。これは相手を直接に助けるとか相手の空白を埋めるというのではなく、共存できるような、なんらかのフォルムを相手とのあいだにつくる。そのフォルムは、個人としての自分のスタイルと相手のスタイルを交換するかたちで織りなされる。そしてそういうかたちで新たな関係性をつくっていくのです。

　それは直接的に相手を埋めることもなく、孤立を抱えながらもよく生きることができるような、そういう関係性を織り込んでいくわけです。そこに生まれてくるフォルムはそれに関わる人によって共有されているはずなんだけれど、でもそれぞれの人に異なった様相をもって現れてくる。自分にとってこのフォルムはある意味をもつ。だが相手にとっては全然違う意味で受け取られる。だけどそこに共有していると信じられるフォルムがある。そういう関係性です。そこに同質性はない。相手のなかに入っていくこともできない。だからフォルムは壁、共存の壁だともいえる。極端なことをいえば、そこに相手がいなくてもいい。なにかを与え、呼びかけ、声を取り戻そうとして、それでもなにも帰ってこなくとも、わたしはその人とこういうスタイルで関わるという自律性を確立していれば、そのとき相手とのあいだに壁としての絆が存在しているといえる。

そういうフォルムを発見し、提案し、設計して具体的に制作していく、これが環境設計の絆ではないかと思うのです。境界に壁をつくってそれによって共存を図る。そういうものとしてモダニティの絆を考えていけばいいというのがわたしの提案です。

＜キーワード＞

近代性（modernity）　近代をどのように定義するかには諸説あるが、封建制の身分にもとづくピラミッド構造が崩壊し、全員が平等な立場に立ち、商品や労働力、言論の自由な交換をつうじて自らを解放していくありかたを指す。この意味での近代性の原理はとおく古代ギリシャにまで遡ることができるが、一般的には近代市民革命によって実現されたといわれる。だが産業革命の時代になると、自由な職業選択の結果として工場における職階性や労働者の搾取、産業都市の荒廃が生じ、ひいては市場と資源の不足によって帝国主義戦争まで起こるようになり、自由を実現するはずの制度や富がかえって自由を束縛する「鉄鎖」の様相を示すようになる。

ホッブズ（Thomas Hobbes, 1588-1679）　一七世紀イギリスの哲学者。封建制の社会を支配していた慣習、道徳や宗教などすべてを絶滅させて物体(body)のみを残し、人間もまたいわば生きる物体、そうした自分を拡張させようとするだけの存在だと規定した。自己拡張する存在は他者を自分の手段としてのみ用いようとして戦争状態に陥るから、共存の原理としての法の導入が不可欠であり、その合意によってはじめて人間は自然状態から文明状態（近代国家）に移行するという。法の合意はのちに社会契約と呼ばれるが、この社会契約があってはじめて、市民である他者との個別の契約が可能となり、人間は社会的に自由な存在となる。またこうした契約論の図式では、社会契約の主体ではない他者や自然はいぜんとして一方的な利用と略奪の対象でありつづける。

ルソー（Jean-Jacques Rousseau, 1712-1778）　一八世紀フランスの思想家。ルソーは『人間不平等起源論』（一七五五）においてホッブズを批判し、むしろ自由を実現するための条件である法や社会制度自体が「鉄鎖」となって人間の自由を拘束しているという。ルソーはホッブズが人間に自己拡張のみを認めたのにたいし、それに感受性（憐れみ）の原理を付け加える。そうすることでルソーは、社会契約の対象ではない存在（動物や「未開人」）のうちにもすでに平和的共存の原理が内在しており、したがってそれらへの道徳的配慮が必要だという。しかも文明から離れたそれらの存在（女性や子どもという「未開人」）こそが、文明に洗脳されて自己拡張に専心する「紳士」どうしの争いをなだめうると主張した。文明からの逃避を説くロマン主義や、契約なき存在（奴隷、外国人、難民、動物）への道徳的配慮を説く近代ヒューマニズムに思想的影響を与えた。環境倫理の源泉のひとり。

デリダ（Jacques Derrida 1930-2004）　二〇世紀アルジェリア出身ユダヤ系のフランスの哲学者。ルソーにとって文明は自然を歪曲するものであり、したがって文明の道具である文字は生命の発露である音声を変質させるものであったように、西洋文明は一貫して他者の精神の動きそのものをリアルに摑んでそれと一体化することを言語に求めてきたとデリダはいう。しかしながらデリダにとってそうした一体化への衝動は回避すべきものである。デリダにとっていきいきした話し言葉ですら死んだ書き言葉の要素をもっており、言語にはもともと他者とのあいだにある種の空間化をなす作用があると主張する。そうした空間化やズレ、差異をつうじた離散的コミュニケーションにこそ可能性を見いだすという意味で、こうした思考は脱構築と呼ばれる。

＜キーブック＞

ジャック・デリダ『歓待について――パリのゼミナールの記録』（産業図書、一九九九、原著一九九七）　よそ者を家ふかくに迎え入れることは、それをもてなす主人の家、その自律性を脅かすことでもある。歓待の掟とは、相手を選ばず、その名を尋ねることすらしない無条件のものであり、お返しなど期待してはならない。異質な他者のそうした受け入れは自分そのものを問われることである。デリダは「おもてなし」についてそう論じ、法や権利を超えた人間どうしの関係秩序の可能性を論じている。

深尾葉子『魂の脱植民地化とは何か』（青灯社、二〇一二）　ひとが自分の魂にフタをして環境適応を図ることによって、痛みや歓びなどさまざまなものに無感覚になり、その結果、そうした適応を他者にも迫るようになるメカニズムについて、宮崎駿の作品や学生の経験など身近な事象から、調査対象の文化や援助の実態、東日本大震災における被災地の経験に至るまで、豊富な実例をあげて論じる。

古賀徹『理性の暴力――日本社会の病理学』（青灯社、二〇一四）　理性的なものは暴力を抑止し共存の枠組みをつくりだすはずなのに、別の次元の暴力を生みだしてしまう。沖縄戦、水俣病事件、ハンセン病の強制収容、死刑、原発など、具体的事例にそくしてその必然性を解明する。

ダイアローグ2

1　無関係としての絆

山内　古賀先生の話は、土居先生のそれとすごく似ていると思いました。つまり、古賀先生のフォルムも、土居先生のサクレ＝クールのお話も、ひとつのものを巡ってそれぞれの人がそれぞれに思いというか、それぞれに自分にとって都合が良いものを見ながら共存をしている。かつてみたいにそれがひとつの確固たる意味というものはないが、いろんなものが混ざったかたちで見ているというイメージで聞きました。土居先生いかがでしょうか。

土居　そのとおりですね。伝統的社会の崩壊という前提にたつモダニティにおいて、絆とは無関係の関係みたいなものかもしれません。ただぼくの話は、党派性は残るし、その内部ではうっとうしく、絆はそうとしかありえないということ。古賀先生のは希望のように聞こえる。

山内　ぼくが興味を持ったのは、つまり古賀先生が話されていた話、つまり言葉づかいは難しいですけど、要するに昔の絆というのが嫌だから逃げてきても、新しい絆にがんじがらめになるという話です。近代的な契約です、それでがんじがらめになる。さらにそこから逃げるために、どういうつながり方とか関係性があるかと考えるとき、テイクなし、見返りなしだけど、まあいいや、という関係性をなんとか考えられないか、ということだと思うんです。

古賀　わたしはヘルプやサポートを全面的に否定しているわけじゃないし、酒飲んで徹夜で人の悩みを聞いたり相談に乗ったりするのが悪だといっているわけでもないし、ギブ・アンド・テイクを全部否定してるわけでもないんです。だけどギブ・アンド・テイクだけになってしまうと結局、地獄を見ることになる。契約論理のなかにつねにギブの要素を活かしていく。そのとき個人のスタイルというものがおのずと出現する。それでようやく人と人のあいだに空間が生まれる。そのスタイルを延長させたものとしてフォルムやそのデザインを考えることができないかと、そういう話です。

山内　ぼくはそのフォルムっていうのがよくわからない

と思いました。具体的なイメージとしては、さきほど土居先生がお話しされたサクレ＝クールのように、モニュメントとしてかたちを持ったものなんだけれど、それにたいしてみんながもっているイメージはモニュメントを超えるかたちで、いろいろな人がそこに自分なりのイメージを見出すというような、そういう形なのかなと。

土居　そのとおりですが、そこで一件落着するとおもしろくない。スタイルとフォルムのお話ですが、どう階層化していくかをぼくなりに考えます。一九世紀の歴史学によれば、人類の絆は家族、氏族、都市というように成長し、その延長線のうえに近代国家ができた。資本主義もそのなかのシステムです。資本主義は等価交換、見返りの論理ですね。だからギブ・アンド・テイクとは、市場の等価交換とかなり論理が共通します。そこで内田樹*の教育論を思い出します。彼は思想家でレヴィナス*の専門家ですが、教育を資本主義の原理で考えてはいけないって指摘してます。たとえば授業料一、〇〇〇円払ったらそのぶん賢くしてください、という論理がじつは学習意欲を阻害し、本来の創造性などを発展できる力を疎外しているという指摘です。もうひとつは、自分の話題にひきよせると、戦後フランスですね、高度経済成長の時代はよかったが八〇年代からは経済がだめです。移民の労働者が転じて失業者になる。そして構造的に失業者になるし、過剰労働力をもう吸収できなくなる。移民の子は、生まれながらの失業者になる。そういう人びとがパリの郊外にたくさんいて数年まえに蜂起を起こしました。だからデリダはどういう政治的文脈で歓待をいっているのか、すこし確かめたい気もしますが、政治的にはどういう文脈なんでしょうね、というような気がします。それから現代となっては、サクレ＝クール的なものをつくる発想はもうないような気がする。

2　拘束しない絆

山内　時間がすこし過ぎてます。今日は抽象的な話が多かったのですが、会場のなかに質問のある方はいらっしゃいますか。

会場1　今日それぞれの先生のお話を興味深く伺ったんですが、絆といっても国家とか都市レベルでの絆と、それぞれの顔が見える範囲内での絆――わたしはたまたま去年から一〇〇世帯に満たない小さな町内会を引き受けていますが――とでは、かなりイメージもそうだし概念もじっさい違ってくるのではないかなという気がして伺いました。古賀先生は古い絆ではなく新しい絆をつくったらどうかとご指摘です。良くも悪くもテイクを期待しないというところがおもしろい。わたしも昨年から「楽しく、身の丈にあった町内活動をしよう」ということで、いままでにあった町内活動をずいぶん減らし、自分たちでできることをやろうとしました。とくにいま「誘うも自由、断るも自由」といってます。つまり義務感でくるとどうも長続きしないので、とにかく楽しく、集まれる範囲内でということでやってるんで、古賀先生の話は理解できるなと思って聞きました。

山内　ありがとうございます。ほかにご質問は。

会場２　貴重なお話ありがとうございました。今回お聞かせいただいた、先のご発言のなかにもありましたが、身の丈にあった生き方ということが今回先生方がいわれた良い生き方なのか、共有するひとつのものをめざしていく生き方が、身の丈にあった生き方なのか、ぼくは勝手に解釈したのですが、ただ、みんなで共有しているひとつのものをめざす、それが身の丈にあった生き方とするならば、それをめざしたとしても、現在の社会はそれをそう簡単には許してくれないようです。そう画策をしても、みんなが共有してめざそうとしても、周囲がそういう「いやいや、まだ古い絆でいてくれ」みたいな社会システムのなかにすっぽり埋まっている気がします。ではそこからどう脱出するか。具体的な戦略がわからなくて困っている気もします。

古賀　戦略などはあまり考える必要がないとわたしは思っています。自分を変えず、社会の方をどう変えてやるかと思っているときに戦略という言葉は出てきます。でもこれは自分の問題です。ギブだけでは脆弱だから、世の中は基本的にギブ・アンド・テイクじゃないとだめです、古い絆でないと安定しない。でもそうして古い絆に埋没していくのか。テイクにのみ関心をもち、こうすればテイクできる、といった戦略に埋没していると、スタイルも自我も個人も生まれる余地がありません。人格なき刺激反応の密閉空間みたいなのしか出てこない。どう振る舞ったら自分がいちばん安心できるか、ということではない。自分なりのスタイル、価値観とか意識を持ち、まずは自分の個のあり方、スタイル、フォルムというものを形成するべきです。そういうかたちで社会を変えていかないと、結局は変わることにならないんです。自分をぬきにして社会をどう変えていけばいいかという話ではないと、わたしは思います。

土居　なぜ第二帝政の二〇年間と新自由主義経済の二〇年間が同じだという仮説をいったかというと、前者が破局に終わったことを後者が繰り返すことを恐れているからです。それから話は飛ぶかもしれませんが、年配の人にはちょっと悪いけど、日本はずっと団塊世代問題です。やはり日本を支配しているのは彼らであることに変わりはない。コミュニティ思想だとか六〇年代の市民参加思想はおそらく団塊の世代に対応して社会が組み変えたものであって、そこで人間と人間のあり方が変わる。田舎から東京へ行って、そこで疑似コミュニティをつくって、そこで新しい絆をつくる。そういう絆はとてもみなさんが指摘するように嫌なものであったんです。しかもまだ終わっていない。彼らはいまはたとえば団地の組合の理事とかやっていて、たいへんです。だから「誘う自由、断る自由」はほんとうに良いと思います。この二〇年の破局は、そういう体制の終わりに位置づけられるのかもしれない。

3　絆にかわる絆

会場3　質問です。お三方の話を聞いて、前回も聞いていて、絆という言葉に縛られているんじゃないかと思いました。そうすると現代のこの時代に絆にかわる言葉はないでしょうか。絆という言葉は暗くて、楽しくない。哲学の先生がどう表現したらいいのかということを、ひとつだけ聞かせてもらえますか。

古賀　絆についてはさまざまな議論がなされていて、ひとつは「縁」という言葉が提案されたりするんですよ。縁は仏教の言葉で、絆の対極にある概念なんですね。絆はどうしても関係性を維持しようという傾向が強い。だけど仏教はそういう現状を維持して固定しようという心のありかたをいかに乗り越えるかを考えてきた。縁起という思想は、すべての事象にはそれを引き起こした原因があって、事象はすべてはその時どきの必然によって生じたり滅したりするという考え方です。だから物事への執着には根拠がなく、生々流転をそのままに受け入れるべきだというんです。だからといって諸行無常の縁の思想だけでいいんですか、とわたしは思います。根本的な心の持ちようとしては理解できるし、執着を相対化するという意味では重要な概念だとわたしは思うのですけれども、古い絆と諸行無常のあいだにあるような仮説的で虚構的な、それでも生き方にふかく関係するあり方を考えたいとわたしは思います。西洋の言葉では、自由と平等と博愛という概念があるんですね。この博愛、もしくは連帯とか友情といってもいいのですが。友情というと、また補完的な友情、武者小路実篤の『友情』のような相当にウエットなものを連想しがちですので、なにか適切な日本語が必要です。もともと博愛というのは自立した個人同士がつながりうるようなフォルムやスタイル、そういうのを展開する概念だったと思います。

山内　時間が過ぎましたのでいったん締めさせていただきたいと思います。ありがとうございました。

＜キーワード＞

内田樹（うちだ　たつる、一九五〇〜）　戦後日本の思想家。レヴィナスなどのフランスのポスト・モダニズム思想や自身が実践する武道の経験にもとづき、すべてをなにかの特定の原理に還元する思考方法を拒絶して身体論的な思想を展開する。たとえば教育をなにかの目的（能力や成功、政治）を実現する手段とみなしたり、生活を主義に従属させる思考には拒絶的であり、それ固有の実践のうちで開かれる充実や高まりを評価する。内田によれば、それは正しい日本のインテリ・リベラルなおじさんのエートスであり、一見すると中途半端かつ矛盾をはらんだ論理のあり方なのである。憲法九条と自衛隊との関係についても、非武装平和主義（原理原則）やパワーポリティクス（むき出しの現実）のいずれにも与みせず、その矛盾の実践を実現する装置とみなす観点から九条を擁護するなど独自の論理を展開している。

レヴィナス（Emmanuel Lévinas,1906-1995）　二〇世紀ユダヤ系フランスの哲学者。ナチスに家族や親族の多くを殺害される。後期の著作『存在するとは別のしかたであるいは存在することの彼方へ』（一九九〇）においては、他者を自分を内側から支える存在ではなく、自分を脅かし自分の存在を剥奪するいわば非存在として論じた。そうであるがゆえに自我は、自己のうちに浸透するその無の影を隠蔽するために他者の眼前で自己は自己だと強弁し、無理矢理主体を確立するという。だがそうした自己は本質的に不安定であるから、その不安定さを眼前の他者に投影して、その他者を存在化し、それを自分の思いどおりに支配することで自己を安定化しようとするという。レヴィナスによればこれが存在化という暴力の根源である。しかし他者の「顔」のうちには、じつはその非存在としてあり方が現出しており、存在者としての他者のあり方を超えてそれに応えようとすることが倫理なのである。

第３部　ともに自然と向かいあうこと

二〇一二年一二月六日　冷泉荘

アクティビティやモダニティをめぐって「絆」について議論し、スタッフ内でも意見交換をしていると、絆というのは人と人の関係なのだけれど、人と人が直接対峙するのではなくて、いちど神などを媒介としてつながっているのではないか、という構図が浮上してきた。

この第3部ではエコロジー、ランドスケープなどを論じる。いいかえればそれは「自然」を論じるということではないか。さらに「自然」というのは概念的には「神」に近く、災害や天災も神がもたらすことかもしれないし、そういうものも含めた自然というものに向き合って、人と人の絆ができるのではないか、という視点になると思われる。

朝廣和夫は緑地保全の専門家であり、緑地をとおしてコミュニティの保全にも関わってきた。その活動のそのままの延長であるかのように、東日本大震災や九州山間部の豪雨のあとの災害復興のための活動をもたいへん活発にしてきた。今回はその報告でもある。

近藤加代子は社会思想史が専門であり、環境設計学科においては環境経済へと展開した。近代初頭のさまざまな社会思想は、いまだに咀嚼される出発点であり、それを念頭におく論考は重要である。バイオマスなどの自治体のエネルギー政策、環境政策などにかんする活動をふまえた、実践的かつ理論的なお話をしていただく。

災害時にみる自然と地域の絆

朝廣和夫

緑地保全を専門とし、里地や里山*や町の緑を守り育む教育・研究を進めている立場から、「災害時にみる自然と地域の絆」と題し、二〇一一年の東日本大震災からふたつ、九州北部豪雨からひとつの話題を紹介します。ひとつめは、南三陸町で行った日本造園学会の学生ワークショップへの参加をとおして、私と学生が震災のフィールドで考え、提案した復興の将来像について。ふたつめは被災コミュニティの自立復興を研究テーマとして訪れた釜石市片岸町について、避難から仮設住宅にいたる生活の変容と、ＮＰＯの支援について。最後に、平成二四年九州北部豪雨水害について、福岡県八女市と地元のＮＰＯとこれから進める研究についてです。

1　宮城県南三陸町志津川

最初は宮城県南三陸町志津川です。日本造園学会というランドスケープ*の学会があり、実行委員会をつくり、北は北海道から南は九州まで各地の大学の学生が集まって、被災地のフィールド調査と提案活動をおこないました。参加者は学生とチューターをふくめ総勢七五名で、六チームを編成して歌津、志津川、戸倉の三地区で活動しました。テーマは「浜とどう生きるか」。漁業で生計を立ててきた人びとが高台移転のなかで、海を離れて生活できるのか、このような問いを立て、学生といっしょに考える機会を持ちました。

この活動は三つのフェーズからなります。フェーズ1は二〇一一年九月の現地ワークショップの三日間。提案をまとめるフェーズ2。そして、二〇一二年五月におこなった地元報告会がフェーズ3です。わたしたち九州大学は、チーム4を担当して大阪府立大学と神戸芸術工科大学、そして宮城大学の学生と合同で活動を進めました。

東日本大震災が発生した二〇一一年三月から六ヵ月ののち、フェーズ1の現地入りは九月となりました。仙台駅に全国の学生とチューターが集まり、緊張感をもって南三陸町のホテルに移動しました。全体のブリーフィング（本書扉）では、宮城大学の平岡善浩先生から、模型などを用いた地域の概況や被災状況、地域への配慮について説明を受けました。翌日、各地の被災状況は（写真1）、車でも移動でき被災地内でも歩行できるほど瓦礫の除去が進んでいるものの、被災した建物、車両などが残され、撤去を支援するボランティア活動も実施されていました。防災庁舎や志津川病院がいまだ残されており、本当に町並みがあったのかと想像できないくらい大きな被害でした。わたしたちは緑の研究者であり、緑を学ぶ学生たちです。まちや施設だけでなく、神社や山の辺も歩きました。

志津川の須賀神社では、鳥居は津波で倒壊しています。ところがこの地区の神社の多くは社の被災を免れました（写真3）。あとでうかがった話ですが、志津川の上山《かみのやま》八幡宮は今回被災した防災庁舎の隣に鎮座していたそうですが、前回の津波のさい、氏子衆が現在の上の山緑地に移築し、今回の被災を免れていたそうです。神社の避難の歴史は、結果として災害の歴史を継承しているといえます。いっぽう須賀神社の麓の天王山地区は海が見えない新井田川沿いの集落でした。ここにはチリ地震のさいに津波が来なかっ

写真１　ワークショップのブリーフィング風景
写真２　須賀神社（志津川天王山）手前の鳥居は倒壊し，参道の奥に残存した拝殿が見える。

たそうです。今回まさかここまで来ないだろうと思われたのかもしれません。このような奥まった集落で多くの人びとが命を落とされました。

わたしたちはランドスケープの視点から、まず地盤の高さに着目しました。小さなＧＰＳ*（全地球測位システム）を手に持ちながら、水面と地盤とを交互に標高を測りました。あとで水面高さと測位時間で誤差補正をかけて、図に高さを書いてみました（図1）。すると、海側の地盤は海水面近くまで低く、地盤沈下の可能性を現地で確認することができました。夜の時間は、学生と今日見てきたこと、測ってきたことを話し合い、簡易にまとめてプレゼンテーションをおこなう時間を共有しました。このように、現地を感じ、現地で得られた情報にもとづき線を描くことが大切だと考えています。

フェーズ2は計画提案です。「浜とどう生きるか」というテーマにたいし、学生が考えた「はまもり」のコンセプトを紹介します。「人びとは森（高台）で暮らし、浜で働き、遊び、見守りながら海と生きていく。人びとの生活を支える自然環境を豊かにする干潟、骨組みを残した防災庁舎、標高二〇メートルの散策路のヤマザクラ、そして塩害スギを植え替えたコナラの森は、津波の記憶を伝え、人びとの暮らしの風景として守り伝えられる」。彼らはマスタープランとして次のような提案をしました。ひとつは前浜干潟の再生です。国土地理院*の提供するデジタル標高図を参照すると、やはり、近代以前に利用されていた旧気仙街道を境に、海側の地盤沈下が顕著でした。これは、昔、海側は前浜干潟であり、のちに埋め立てられたことが推測されます。学生たちは、前浜干潟の再生をふくむ多重防御型の防潮堤を提案しました。干潟の形成を促す潜堤の第一堤防、旧気仙街道の第二堤防、そして、ＪＲ線路の第三堤防です。また住宅の高台移転と残存した神社、標高二〇メートルへの避難路を組み合わせ、散策路のネットワークとヤマザクラの植林の提案や、震災の記憶の継承をおこなう場として防災庁舎の保存の提案もなされました。

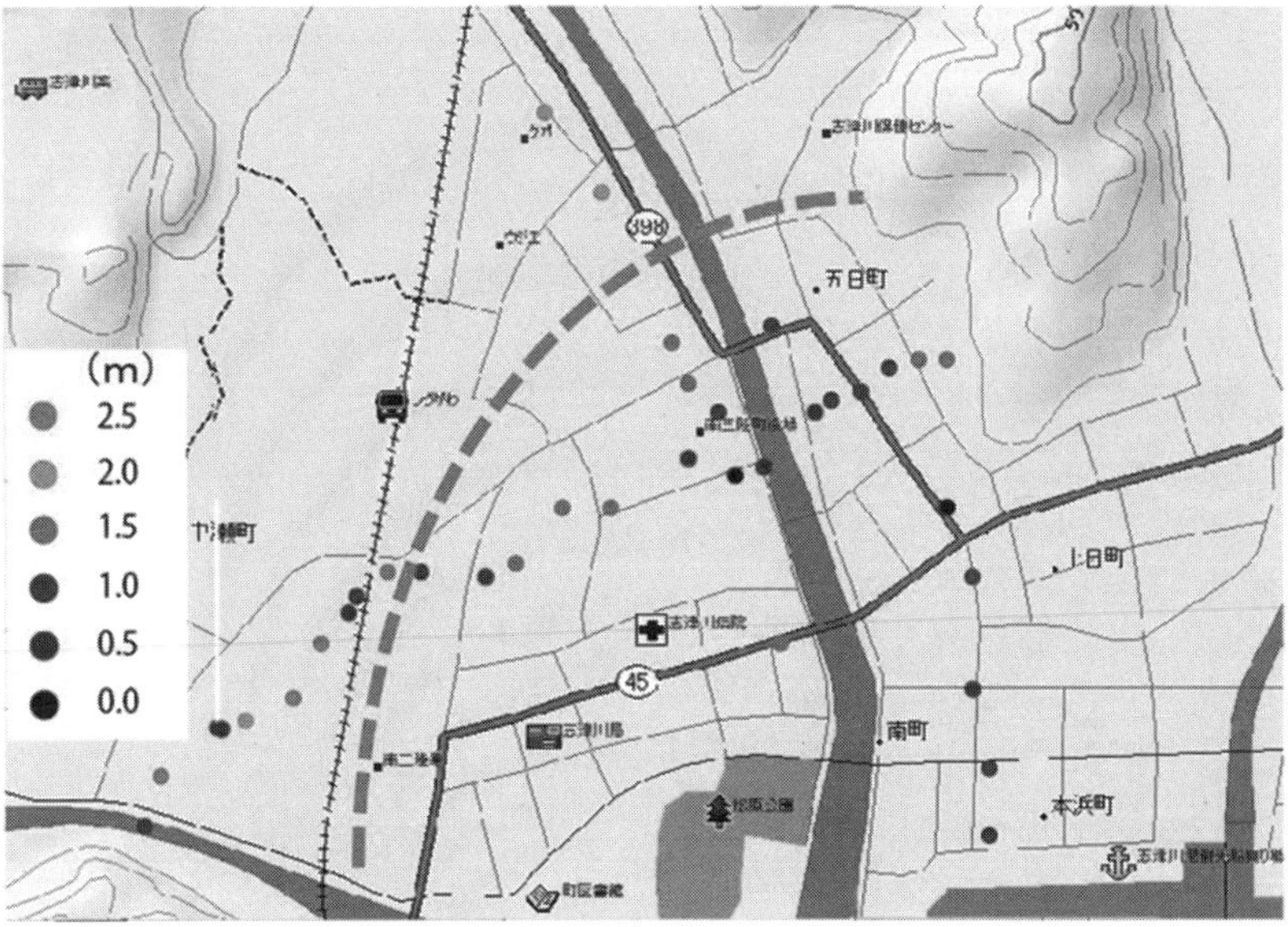

図 1　GPS 簡易測量結果。破線より海側の地盤が低い。

そしてフェーズ3の地元報告会です。学生は南三陸町を訪ね、プレゼンテーションをおこない、じかにお話を聞く場を設けました。地元の方からは「干潟ができるのは天国みたいだね」とか「防災庁舎は残したいという人と、残さないでほしいという町の人もいる」など、仮設住宅で生活されている住民たちの声からは、計画のもつ責任の大きさ、被災者が明日から取り組むことのできる提案の必要性など、学生にとって、多くの気づきがあったようです。

2　岩手県釜石市片岸町

つぎは、わたしの調査研究、岩手県釜石市の片岸町の話題です。わたしたちは台湾実践大学レクリエーション産業管理学科の李宜欣先生、陳玉蒼先生、日本側では東北工業大学安全安心生活デザイン学科の福留邦洋先生たちと「日台被災コミュニティの自立復興」をテーマに平成二四年度に財団法人交流協会から研究助成を受け調査を実施しました。わたしは自主再建とは「被災者の自立を再建する」ことと考えました。人びとは、社会的にも生態的にも他者との関係のなかで自立を実現していく。自立を再建するとは、「他者との関係の再建」といえます。この研究は、被災した人びとがどのような過程をとおして生活の再建を進めてきたかという視点に立ち、釜石市片岸町の鵜住居《うのすまい》仮設住宅の居住者の避難と復旧の経過と、継続して支援を進めた「NPO法人ねおす」（以下、「ねおす」）の支援の変容を時系列にヒアリングしました。

片岸地区の人たちは、災害を受けたのち、五ヵ所の第一次避難所に分かれて避難しました。その場所は高台の場所で、命が助かることを担保する神社の長床だとか、屋根のあるところに逃げたそうです。その夜は大槌町の火災が山に広がってきたので、さらに安全な第二次避難所、上栗林地区に移動されたそうです。いっぽう、ねおすは片岸町出身の職員の家族の安否確認のため、翌日にすぐ北海道を出発しています。

第二次避難所となった上栗林集会所。ここは台所などの設備が完備され、食べ物も農家などから支援が受けられたそうです。片岸地区の避難住民の特徴として、「わたしたちでできることは、わたしたちでしよう」と、三月一四日に事務局を設置されました。この事務局は四つの役割を担いました。ひとつは健康保持、約五〇名の人びとの健康をみんなで見守るために、朝のラジオ体操にはじまり規則正しい集団生活をされたこと。第二に、支援物資の受け払い。第三に、お母さんたちの厨房での賄いで、温かいご飯を作る活動を始められています。そして第四に、犠牲者、行方不明者、避難所からの転出者の名簿づくりでした。このなかで名簿づくりは重要でした。避難者が親戚の人に引き受けられると、地域はバラバラになっていくそうです。その人たちの電話番号と名前をすべて事務局が控えて整理されたことにより、あとの災害復旧の段階で、だれがどこにいる、という情報がとても役に立ったというお話でした。

上栗林集会所の避難生活では、たいへん規則正しい生活を送られました。厨房・賄い班は五時に起床、ほかの人も五時半には起床されたそうです。周辺に顔を洗いにいって、部屋の掃除、片づけをして、物は窓際に寄せる。六時半にラジオ体操を全員でおこなう。七時に食卓づくりをみんなでして、七時半に食事を終了。日中は各自の時間ですが、地区世帯住民の安否確認や行方不明者探しと名簿づくりがおこなわれました。夕食は一八時と決められており、いらない人は事前に連絡することがルール化されていました。もし連絡がない人は軽食で、夕食抜きと、すこし厳しいルールですが、集団行動には必要とのことでした。毎日一八時半にミーティングを実施して、行政情報、重要情報の伝達、だれが避難所に入り、だれが病気になり、どこで遺体が発見されたのか、新聞などの情報をふくめ伝えました。いかに情報が大切であるかということを、みんなで痛感したというお話でした。消灯は二〇時半。これはあとで早すぎるということになり、二一時までに全員就寝とされたそうです。いま振り返ると、被災ののち、すみやかに事務局を立ち上げ、規則正しい集団生活を送ったことが、片岸町住民との連絡や共同活動、また、個人の生活や心のためにも良かったとの言葉がありました。

いっぽう、ねおすは、上栗林集会所に到着してから情報収集を開始し、不足物資の調達、配給、診療所の予約などをされたそうです。自然学校[*]をされている団体なので、三月二二日ごろから子供の居場所づくりをはじめられ、三歳児から中学生を対象にいっしょにいろんな遊びを始められたそうです。四月一日からはデイケアを週一回おこない、おばあちゃんたちに地元の料理をふるまい、お散歩をして、お昼寝をしてという活動も展開され、避難所生活が落ち着きはじめた五月ごろから、瓦礫の撤去、草刈りの支援にうつりました。

二〇一一年六月、避難所は閉鎖され、みなさんは仮設住宅に移りました。約二〇〇世帯の住民が、釜石市の三〇ヵ所の仮設住宅に分散されたそうです。それぞれの仮設住宅では新たな自治会を立ち上げたところもあり、いまは小中学生の見守り活動や、草取り活動がやっと実施できるていどというお話でした。二〇一二年八月、片岸集落が三〇年実施してきた国道の花壇づくりを継続するために、三〇の避難所に分散する旧町民が車を乗りあわせて参集し、花壇づくりがおこなわれました（写真3）。酷暑のなかの作業だったそうですが「次回、会うのはいつ？」、「いまはみんなバラバラで暮らしているけれども、またこうやって寄って汗を流す時間を持ちたいね」、と継続を望む声も出たそうです。このような話をうかがうと、この花壇活動は片岸の人びとがおこなえる数少ない協同行為といえます。命をつなぐ緑の活動の再開は、地域の絆を確かめ、新たな復興の基礎になると感じられます。瓦礫の撤去に目処がついてきたころ、ねお

写真 3　釜石市片岸集落の人びとが集まり植栽した国道の花壇（2012 年 8 月）

すは漁業支援やボランティアツアーの開始など、新たな産業の立ち上げにシフトしていました。災害で自助がままならないとき、互助と共助の絆は、困難を乗りきる組織であり、束の間かもしれませんが、人びとの拠り所です。

釜石市の行政担当者によると、やはり、地域の中心課題のひとつは地域コミュニティの継続と再生であるという話でした。たびかさなる転居による地域コミュニティの分裂、また若い世代の都市への転出も重なりました。片岸地区の人口特性として、被災前の六五歳以上の人口比率が四〇パーセント以上、被災前後の人口が、六、六三〇人から四、六〇〇人に減少しています。この約二、〇〇〇人減のうち、亡くなられた方は五八二人、社会減すなわち転出された人びとが約一、四〇〇人ということでした。二〇一二年八月の聞取りです。このような状況のなかで、他出者が地域に戻れるかが、大きな課題になっています。

わたしは緑地保全に関わる研究者として、釜石市の事例に学びながら考えました。これらの地域は災害のまえから過疎地域でした。中山間地がとくに激しいですが、都市をふくめた減少社会にたいして、維持・回復を促すサービスが必要とされています。復旧支援活動のとき、生活変化におうじたＮＰＯのサービス展開はどうあるべきか。避難から生活復帰をとおして散在するコミュニティをどのように取り戻していくのか。もとの集落というよりは、新しい村をまたつくらなくてはいけないという、今後の理念や活動の提案が必要とされているといえます。

3　福岡県八女市黒木町

そういうなかで、九州北部では、「平成二四年七月九州北部豪雨」が生じました。とくに、わたしたちが長年お世話になった福岡県八女市黒木町笠原地区も甚大な被害を受け、ホームフィールドの被災という

写真 4　福岡県八女市黒木町笠原地区の被災地
写真 5　福岡県八女市黒木町の笠原川（2012 年 7 月 14 日，小森耕太撮影）

こともあり、研究体制の準備を進めました。二〇一二年一一月から「中山間地水害後の農林地復旧支援に関する研究」というテーマで、九州北部水害を対象に独立行政法人科学技術振興機構、社会技術開発センターの「コミュニティがつなぐ安全・安心な都市・地域の創造」研究開発領域の支援を受け、活動を開始しています。状況をすこしご紹介したいと思います。七月一一日から一四日にかけて、未曽有の豪雨が熊本県、福岡県、大分県に降りました。河川の氾濫と土砂災害により住宅が被害を受け、家屋、集落が孤立状態に陥りました。写真4、5は八女市黒木町笠原地区の被災風景です。ここは八女茶発祥の地で、茶園がいっきに崩壊している風景は、被害の大きさを物語っています。この地域で活動するNPO団体「山村塾」の事務局の小森耕太氏が撮影した写真によれば、ナイアガラの滝のように、棚田から一面に水が落ちています。これまでなかったような大水が中山間地の山にも川にもあふれている写真です。山のほうも、崩れた個所から木が流れ出ており、谷筋の水路や河川の構造物を破壊しました。河川は大水への対策はされていますが、大量の流木は計算外です。ここにも村づくりの課題をみることができます。被災ののち、地元の人たちは力強く、自分たちでブルドーザーなどを動かして、土砂を撤去して道を復旧させて避難生活を始めるということで、いまに至っています。

この地域は過去にも一九九一年の大型台風一七号、一九号で大きな被害を受けているし、一九九三年には記録的な冷夏に見舞われました。このような過去の災害時にも、中山間地では生活できないということで、過疎化が進行しました。農林地の放棄地が増えてきたのが実際です。今回、さらに過疎化が進行することが想定されます。こうしたなか、もう村の人だけでは無理だ、町の人も手伝ってください、ということで二〇年まえに「山村塾」というNPOが立ち上がり、都市農村交流、グリーンツーリズム*、環境保全ボランティア*活動が開始されました。農家と都市の家族づきあいを基本とし、みんなで田植えをしたり、山の手入れをしたり、おいしい田舎の幸をいただきながら、楽しい活動が続けられています。このような一〇数年のなかで遭遇した今回の水害でした。山村塾の事務局がある旧笠原東小学校を改修した交流施設「えがおの森」は、即日、避難所となり、山村塾と宿泊していたボランティアのメンバーは、避難所支援と復旧支援をすみやかに開始しました。被災から一週間のちぐらいから外部のボランティアを受け入れ、ほかの地域の消防団やボランティアにくわえ、地元の中学生の子供たちや企業からの参加、そして東北や新潟からも参加や義援金の寄付がなされたそうです。

4　災害復興という環境設計へ

阪神淡路大震災以降、ボランティアのコミュニティができており、ソーシャル・ネットワークをとおして、必要におうじて全国から支援していただける、新たな絆を感じることができました。被災した地元の方がたは、自分の家でなくても、そのようなボランティアが地域で活動を開始されたというだけでも、ぱっと顔の色が明るくなったそうです。このような活動が顕著にみられたのは、ひとつの特徴と考えられます。また、中山間地災害の課題も出てきています。道路や河川の崩壊は地元行政による土木の力が必要になりますが、この工事が遅れています。いっぽう、これが復旧しなければ、農林地の復旧ができない事情があります。最寄りの町に集まったボランティアが、孤立した中山間地の支援に入れない状況もありました。また過疎化や高齢化により、これまで守ってきた先祖の土地を、これを機会にあきらめる人たちも出てきています。笠原地区には山村塾がありましたが、そのような共助をおこなうＮＰＯのない地域もありました。このような課題が垣間みられるなかで、わたしたちは被災の状況と復旧のプロセス、そして、各世帯の状況を調査して、被害と復旧支援の記録を進めています。この事例研究をとおして農林地復旧支援モデルを検討する予定です。

＜キーワード＞

里地・里山　里山について，狭義では「薪や炭などの燃料や、落葉・腐植など農業用の有機肥料源として、自然林の破壊により人為的に形成され、維持管理されてきた人里周辺の林地」であり、広義では、その周辺の農地や集落を含める。これを、里地・里山という。

ランドスケープ（Landscape）　景観、そして景観を構成する要素。地域の景観に限らず、それを構成する自然資源、生活資源、それらの歴史や社会システムをふくむ概念。もとは、風景「画」を意味し、ある視点を選んで空間を解釈する手法。

GPS　全地球測位網（Global Positioning System）という位置を測定するための衛星測位システムをさす。

国土地理院　国土交通省設置法および測量法にもとづいて測量行政をおこなう、国土交通省に設置される機関。さまざまな空間情報を入手できる。

自然学校　自然体験活動のために年間をつうじて運営される施設や組織。

グリーンツーリズム　余暇のために農場や農村に滞在し、自然、文化、人びととの交流を楽しみすごすこと。

環境保全ボランティア　自然環境、生活環境の保全のためにおこなうボランティア活動。

＜キーブック＞

重松敏則他編『よみがえれ里山・里地・里海——里山・里地の変化と保全活動』（築地書館、二〇一〇）　市民参加の里地・里山・里海の保全活動の実践事例を紹介した書。筆頭著者の約四〇年にわたる里山保全の教育・研究を起点につながった人びとの保全活動がどのような考えにもとづき想起され展開されてきたか。高度経済成長以降の都市化の流れのなかで進む田園地域の荒廃に疑問を提示し、今後の豊かな生活と自然の営みを保全するために必要な方向性を示唆。

朝廣和夫他『デザイン教育のススメ——体験・実践型コミュニケーションを学ぶ』（花書院、二〇一二）　体験型のデザイン教育の普及をめざした事例集。社会のなかから問題を発見し、身体をフル活用しながら創造的に解決していく能力。これをどのように身につけていくのか。また、どのように授業デザインをおこなえばよいのか。九州大学大学院芸術工学研究院の八名の教員により、「1　テキストリテラシー」、「2　スケッチ」、「3　ワークショップ」、「4　設計と地域」、「5　ものづくりと工房」、「6　自然環境とNPO連携」というテーマで執筆。デザイン教育にかんする従来の出版物は技法集が多い傾向にあるが、近年は、ユーザーを対象とすることを重視し、また環境に配慮した持続性も求められている。デザインの範疇はますます拡大しており、そのような社会の進展の早さのなかで、基礎的なデザイン教育の強化をめざした一冊。

公益社団法人日本造園学会　東日本大震災復興支援調査委員会（編）『復興の風景像——ランドスケープの再生を通じた復興支援のためのコンセプトブック』（マルモ出版、二〇一二）　二〇一一年三月一一日の東日本大震災を契機に、自然の恵みと脅威の二面性にたいする強靭な社会を築きあげるための視点と重要性を論考した書。本書に紹介した学生ワークショップを企画・運営した各氏も執筆陣にふくみ、今後の社会を担う若者や、ランドスケープ以外の分野の読者にとっても理解の進む一冊。

敷田麻実（著・編）他『地域からのエコツーリズム——観光・交流による持続可能な地域づくり』（学芸出版社、二〇〇八）　北海道大学観光学高等研究センターの著者に、本書で紹介しているNPO法人ねおすを執筆者にくわえ、地域の視点におけるエコツーリズムの推進プロセスを紹介している解説本。観光としてのエコツーリズムもさることながら、地域の生活者の視点から人びとと自然の豊かさを持続的に展開するために紹介されたサーキットモデルをはじめとした論考は、今後の中山間地をふくむ田園地域の参考となる書。

地域におけるバイオマスの利活用

近藤加代子

わたしは環境設計学科において環境経済や環境政策を教えています。もともと社会思想史が専門で、一八世紀と一九世紀という近代の始まりのころの研究をしていました。先回話題の近代社会のお話（第2部参照）を聞くとわくわくします。当時の研究テーマは市民社会でした。そののち環境経済に転じたんですが、大きな問題関心というのはやはり一緒です。市民がどうやったらつながりあえるのか、共通の環境をつくっていけるのか、それが現代における市民社会ではないのか、ということで、文献研究から実践的な現場に飛び出して、考えようとやってきたのがこの一五年ほどです。

最近は環境省関連の委託研究でバイオマス*についてもやっていますので、今日はそういうことを中心にお話をしたいと思います。最初に、前回の話題で触発されたところがあり、当初の予定になかったのですが、自分の問題関心を整理するうえで、ちょっとだけ社会像のお話をしようと思います。

1 「絆」からみる環境の制御——近代と前近代——

ご存じのように太陽光のエネルギーを生態系の植物が光合成によって転換し、それを生態系のうえにつないでいって、わたしたちが利用し、還元して自然に返すという自然循環の形が、ずっとありました。昔だと自然の豊かさに限りがあるので、村などの地域社会が工夫して利用を制御してきました。この制御をしなくなったのが近代社会です。外から化石燃料を入れて外に出していくという社会で、自然循環を地域社会のなかで制御しなくても豊かになれる社会ができました。

　これを前提にして環境と絆について、若干述べてみたいと思います。環境とは、わたしたちを取り巻くものをひろく指します。環境には、経済学的にいうと「フリーライド」つまりただのりが発生しやすい特徴があります。だれでも使えるものだったら、だれもこれに正当な対価を払わないというのがフリーライドです。だれでも簡単に環境にはアクセスできます。だれかの行為が環境をかいして、ほかのだれかに影響を及ぼします。このとき利用の対価も影響の対価もなかなか払われない。公共性が大きい、あるいは外部性*が大きい、といいます。コモンズ（共有地）の悲劇（一八ページのキーワード参照）ともいわれてますけど、みんなが自分の利益だけを追求すると、わたしたちの存在基盤である環境が崩れてしまう。海の魚が枯渇してしまう。牧草地がなくなり、羊たちが死んでしまう。だから環境の最適性のために社会的な制御が必要になる。これが環境というものの必然です。

　だれがこの公共性の制御をするかが大きな問題です。環境の公共性とその制御をめぐる前近代と近代について、環境の公共性を空間的、物理的な公共性という部分と、みんなで関わり合いながら、話し合いながら成立している市民的公共性のふたつで考えてみたいと思います。前近代社会では、どのように村の山や畑を使うかというのは、寄合いのなかで合議し、みんなで決めていました。共的な制御の仕組みができていたんですね。だから前近代の環境は持続可能でずっと続きます。人びとは村の絆に参加することで、共的な制御主体になるというのが、前近代的な環境管理の基本形です。市民的公共性が封建社会の農村にあったというと異論もありそうですが、村落のなかで、話し合って地域環境を持続的に管理するという意味ではあったというべきでしょう。古代の市民的公共性が、中世の都市共同体に生き残るといわれますが、同じような意味です。

近代社会では村落共同体が崩れていきます。公共空間も分裂します。近代社会では、共有地は囲い込まれ、公的な空間と私的な空間に分裂します。私的な空間以外は、公的な空間として、基本的には政府のものになります。あいまいな、みんなのもの、というのがなくなっていきます。人びとが自分で制御できる空間は、自分のものだけにすごく極小化されて、自分の意思でできるものはきわめて限られてくる。公共的な空間へのアクセスとか制御だとかは、政府が独占してしまいます。許可なく立ち入り禁止の私的な空間と公的な空間の膨大な集合としての環境が個人を取り巻きます。制御へのアクセスを失いながら、他者の行為が集積する環境から不断に影響を受けつつ、人は生きてゆかざるをえない。近代社会では、人びとが、環境を制御する側から制御される対象へと転換していき、そのなかでコモンズの悲劇が生まれてくるのです。

2　アダム・スミスのコミュニケーション――「絆」の解体から始まる「絆」――

わたしが最初に研究したイギリスの哲学者・経済学者アダム・スミス*は『国富論』で有名です。「最小国家」という概念につながると指摘されています。それまでみんなで助け合う社会が理想で、それを支えるのが国家なんだという国家観だったんですが、スミスはそれを否定して、そういうみんなの絆を保証するような国家ではダメで、国家は生命と所有の保護だけをやりなさい、と主張します。理想の社会に導くような社会のデザインは否定されるべきである、社会をデザインできるのは神様だけだ、と。さらに私的な集団の絆も、前回、土居先生が指摘されたような私的な集団による対立（第2部）が起こるので、全面

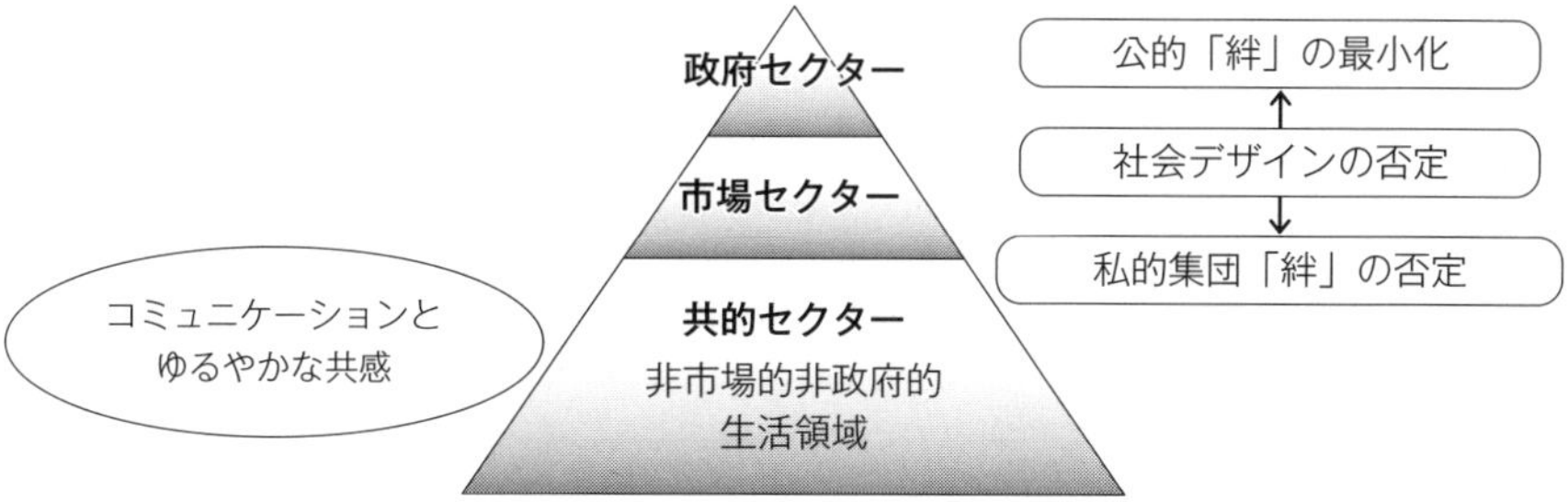

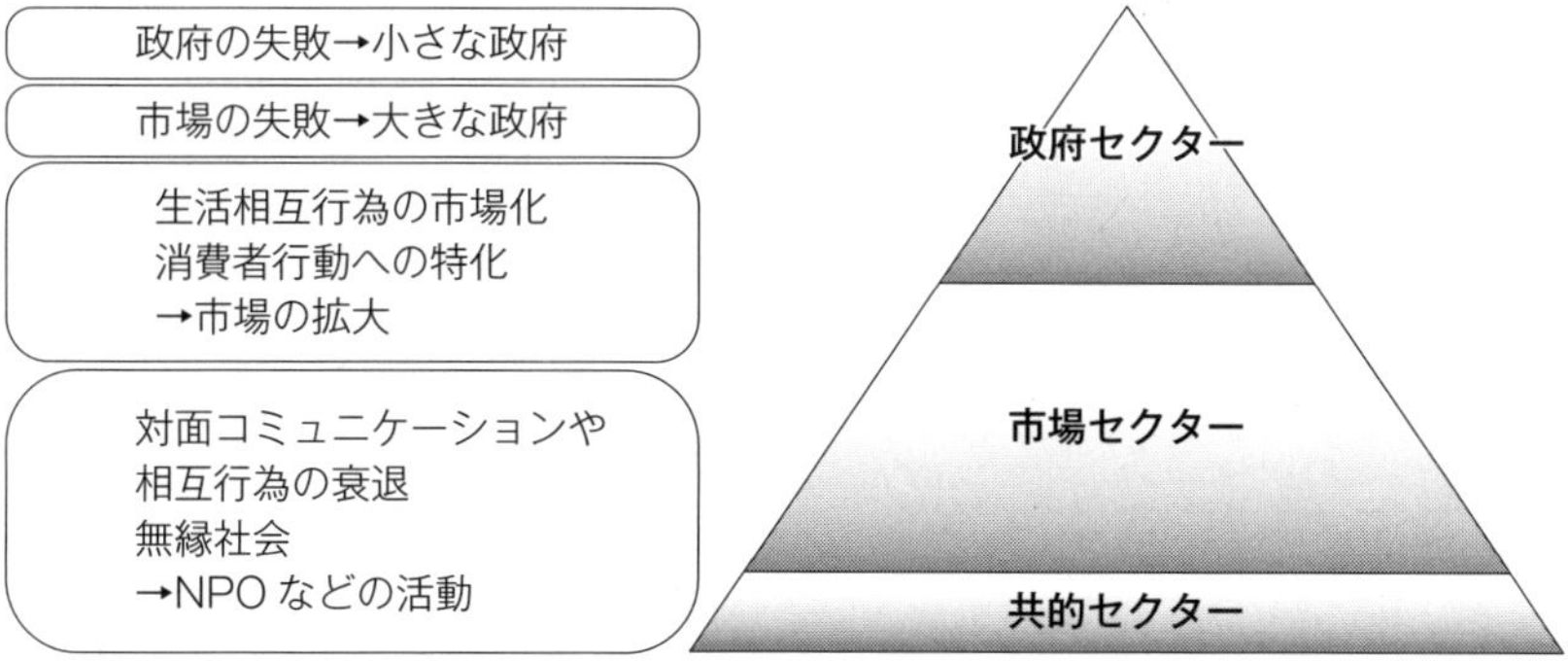

図 1　アダム・スミスのデザイン，絆，共感
図 2　現代の公共性制御問題

否定していきます。

そうするとどういう社会ができるでしょうか。私的な利益追求が調和をもたらす市場社会がひとつの像です。それだけでなくて、スミスはもうひとつの世界、共的な世界につながるものを見ていました（図1）。

スミスにとって社会をつくるのはひとりひとりであって、国家や集団のタイトな絆や、絆の倫理ではありません。あるべき姿として求められる絆では、人びとの本当の絆をつくれない。人の心と自発的な行為を導くのは与えられた倫理ではなく、内的なものだけです。それが共感の喜びです。自分がどうしてこんなことをいったのか、自分の気持ちが周囲の人に理解してもらえるという、人間のつながりのなかで生まれる、共感し共感される喜びが、人間にとっての最大の喜びだ、とスミスは主張します。それがどこで生まれるのかというと、日々のコミュニケーションのなかで、話すなかで生まれます。会話には、他者の言葉を他者の立場に立って理解することが必要です。日々の生活で共感を育みつつコミュニケーションを無数に繰り返すなかで、心の奥底に良心が形成される。そうすると政府の規制もデザインも頭越しの道徳もいらない、個人は制御もしないが制御もされないかたちで社会はうまくいく、というのが「神の見えざる手」といわれるものです。

スミスは、哲学者や政治家が説く理想の社会デザインや制御を嫌悪します。自分の生活を良くしたいと願い汗を流して働く普通の人びとの日常の生活、共感に支えられたささやかな暮らしの集積が、社会を下からつくっていくなかで、本来の神のデザインが実現します。これがスミスの市民社会です。最小の国家と自由な市場社会を、人びとの日常の営みとしての共的な世界が支えています。

実際には、近代社会はうまくいきません。共的な世界がますます市場化していって、みんなお金で買える世界になっていって、どんどん小さくなっていきます。コミュニケーションがますますなくなっていって、いま、無縁社会*と言われています。市場が巨大化するいっぽうで、貧困問題や環境問題などいろいろな問題が出てきて、それを制御するために政府も大きくなっています。大きくなった政府と大きくなった市場のあいだで綱引きをする。選挙のたびに、大きな政府か小さな政府かで、揺れ動いてきたのが近現代史です（図2）。

現在、社会の問題は政府でも市場でもなかなかうまく解決できないので、ここでどうにか自分たちで解決しないといけないなんて思う人がたくさん出てくる世の中になっています。このあたりに朝廣先生の立ち位置があります。スミス的な共的な世界は、ものすごく浸食されてなくなりつつあります、どうやったら再建できるんだろう、ということで、政府の原理でも市場の原理でもない、もうひとつの共的な原理で再建しようというのでＮＰＯみたいな団体がいっぱい出てきている。朝廣先生もがんばっています（前章参照）。

3　ハーバーマスのコミュニケーション——現代における環境制御と「絆」——

スミス的な、日常生活の世界でコミュニケーションがしっかり結ばれていくということが、共的世界を再建するのにとても大事なことは確かですが、それだけだと近代がうまくいかなかったように、うまくいかない。そこでもうひとつ出てきたのが、ドイツの哲学者ユルゲン・ハーバーマスが『公共性の構造転換』（一九六二）などで述べた「公共性」の概念です。これは一九八〇年代ぐらいからさかんに言及されました。ＮＰＯの発想にもつながっていきますが、別の質のコミュニケーション、日常生活のコミュニケーションではなくて、討議するそれ、しっかり話し合うコミュニケーションです。それが市民参加になっていく。政府セクターなり公的セクターに市民の討議が反映する可能性、制御に市民が参画する可能性が開ける。こういうのが現代的な市民社会論と思います（図3）。

環境問題を制御するための環境行動研究にはおおきく、ふたつの領域があります。ひとつは環境心理学や環境政策学に連なるものなんですが、たとえば、温暖化を防止するため、ある社会目標のために、市民の行動をコントロールする政策を明らかにするために、市民の行動を分析して、望ましい市民行動をもたらす効果的な政策的な帰結を導くというものです。ここでは市民は制御対象です。コモンズの悲劇の典型的な解消方法です。もうひとつは環境教育です。教育は、自発的な行動を導くものです。環境教育は通常思い浮かべられるような、節電行動をできるように教育するだけが目的ではなくて、持続可能な社会をどうやって主体的に作るのかという、社会形成能力がいちばん大事なものだ、と国際的には指摘されています。つまり制御主体になることです。感受性とか、関心とか能力をどうやって育てるか、いろいろ取り組まれています。この社会形成能力の育成は、社会から切断された学校教育のなかで、ほんとうにできるのでしょうか。

以上の話を整理すると、まず日常的な生活空間があります。それはスミス的な共感の世界です。外部性があるために環境問題が発生し、政府は環境政策によって、人びとの行動条件を変化させて調整します。日常生活の共感の世界を維持できれば、人びとのあいだに、やがて信頼にもとづく社会関係資本ができてきます。それを前提にして、市民的公共性の議論が成立します。そこから先がハーバーマス的な世界です。市民による環境制御の可能性が拓かれてきます。地域社会のなかで、人びとの日常的なおつきあいと、その信頼関係のうえにたつ話し合い、が新しい市民的公共性を可能にします。人びとが、昔の共同体とは違うかたちで環境制御主体や社会形成主体になる学びの場は、日々のおつきあいとコミュニケーショ

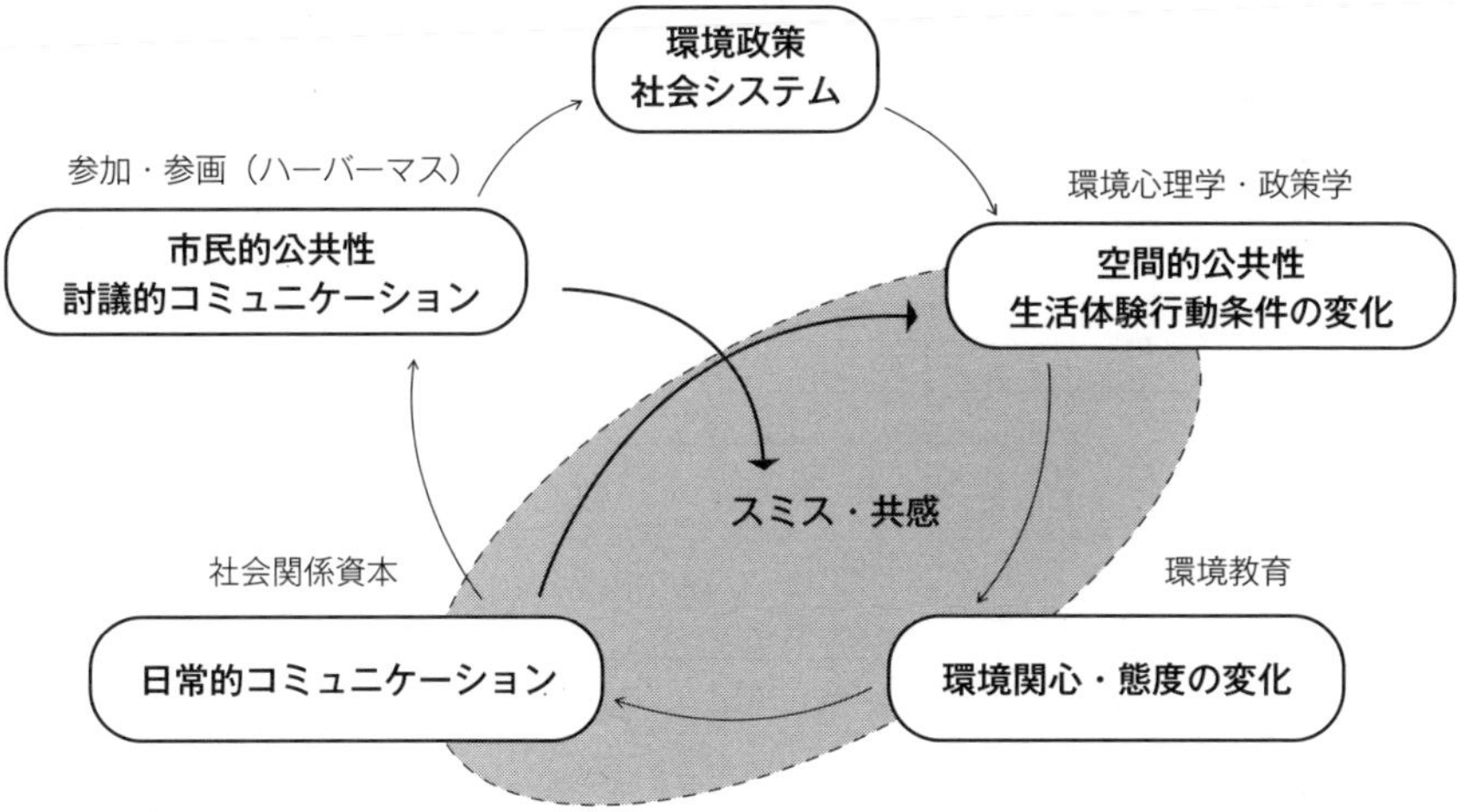

図３　環境行動と社会システムとの円環的発展関係（仮説）

ン、そしてそれをとおして地域社会の環境に向き合うことのなかにあります。いろいろなかたちの参加のルート、市民の主体的な成長のルートが、現在、地域社会のなかで出てきているんじゃないか、と思っています。

4　バイオマス成功の鍵を握る地域社会の力

バイオマスとは、生物もしくは有機資源の量をさしますが、冒頭で指摘したように、いまは自然を利用しないで、大量に資源を捨てています。捨てないで、それをエネルギーとして利用して、化石燃料を減らしましょうというのがバイオマスの大きな目的です。世界の自然エネルギー発電設備容量の累積推計値（二〇〇八）をみると日本の風力発電量（一、九〇〇万kW）は中国の一〇分の一です。小水力（三、五〇〇万kW）も四分の一、バイオマス発電（一〇万kW未満）は一五〇分の一。先進国に比べても、中国や途上国に比べてもそうとう低い。世界的には風力発電（一億二、一〇〇万kW）、ついで小水力発電（八、五〇〇万kW）、さらにバイオマス（五、二〇〇万kW）です。バイオマスエネルギーは世界的にたいへん使われています。太陽光（一、三〇〇万kW）よりも多い。しかし、日本ではほとんど使われていない。おそろしく小さな数字になっています。朝廣先生が大切にしている山村の自然は、みんなの関心の外側にあって、価値なきものとして捨てられ、そのぶん化石燃料を大量に使っている社会になっています。

そこで農林水産省などの関係府省が温暖化の防止、循環型社会の形成、農山村の活性化、競争力のある戦略的産業の育成を掲げて、二〇〇二年に「バイオマス・ニッポン」*を立ち上げました。今からちょうど一〇年まえです。それ以降、地域にあるいろんなバイオマスを総合的に利活用しよう、補助金をつけますよ、と三〇〇ぐらいのバイオマス・タウン*をつくってがんばってきました。しかし二〇一一年の二月に総務省は、日本社会は一〇年のあいだにバイオマス事業に六兆円も投入したけれど、赤字ばかりでどうしようもないと批判しました。わたしは「バイオマス・ニッポン」が出る以前からバイオマスの研究をやってきましたが、「ああ、これで日本のバイオマスは終わった」と思ったものです。しかし翌月の三月一一日に福島原発事故がおこって、自然エネルギーがやはり大切だ、バイオマスの利活用を推進しようという流れになってきています。再生エネルギー固定価格買取制が始まって、またものすごいお金が動き始めています。

それ自体は悪いことではありません。しかしなにがうまくいかなかったか。なにが事業経済性を阻んだか。その原因はまだ総括されていません。地域の自然的な条件や技術の問題だけではありません。バイオマス利活用事業のさいには、たいていコンサルタントがそのような基礎的な条件を調べています。それでも失敗している。そこには地域の人の力の問題があるのです。

バイオマスを地域で利活用するときの流れですが、畜産農家から出たふん尿の堆肥を畑に利用して、食料が生産され、消費者が食べ、生ゴミを発生させ、その分別がおこなわれ、とグルグル回します。いろんな異なる人たちが関わってきて、資源を持続的に回す。そのためには、ひとつひとつが経済活動として成り立っていて、全体としてうまく回っていくという地域システムがなければ、うまくいきません。最重要なのが本体事業の経済性であり、そのための施設の適正技術や経営能力など、地域で本体事業を実施する人たちがまずは力を持つことです。つぎに本体事業を営む人以外の、地域の人たちの協力行動によって、本体事業の経済性が成り立つ。山の人、里の人、町の人、畜産の人、農業の人、お店の人、多くの人たちが、協力行動をとってくれないと、どうしようもない。ある意味での絆といいますか、地域社会をベースにした集合的行為というか、こういったものがつくられていくことが、バイオマス利活用事業の成功の条件になってきます。

5　生ごみ資源化の町、福岡県大木町における住民参加

福岡県大木町の生ごみ分別のことをお話しします。人口一万六、〇〇〇人の小さな町ですが、全国的にすごく有名な生ごみ資源化の町です。家庭の生ごみを分別収集して、バイオマス・プラントでメタン発酵させます。分別協力率は九割を超え、液肥は全量、田んぼにまいて、有機米をつくってブランド米として売れています。きわめてうまくいってます。農家がとても元気です。たとえば、農家のおかみさんたちのきのこの農事組合では、一人あたり一、〇〇〇万円の収入です。こうした全体としてうまく回っている大木町の人たちにアンケートをして分析しました（『地域力で活かすバイオマス』キーブック参照）。生ごみ分別、農産物を買う、液肥を利用するという各種の協力行動にたいして、いったいどういう要因が有効なのか。環境行動や地産地消行動とともに、住民参加が直接、効いていました。そして住民参加のみが、すべての協力行動に効いていました。住民参加には信頼と交流という社会関係資本が効いています。この住民参加は合成変数で、行政に意見を伝えたいというものや行政が住民意見を尊重するというものから構成されています。大木町は、住民参加の推進を重点的にやってきている町です。住民と対話して勉強会をしたり、住民の意見を取り入れるなど、参加の成果を還元していくというプロセスをずっとやってきた。そのなかで住民の参加行動、意識がすごく高くなっていて、それが循環のまちづくり全体を支えている、というふうになっているんです。

写真１　銘建の木質発電
写真２　ランデスの木質コンクリート

6　地元企業の「絆」がつくるバイオマスタウン——岡山県真庭市——

岡山県真庭市は、中国山地にある林産地です。ここにはいろんな事例があります。銘建工業株式会社という大きな製材所が、自分のところで発生する製材くずをごみとして出すのを止めて、木質発電を始めました。そしてペレット（小さな円筒形の固形木材燃料）もつくって、これがものすごく売れています（写真1、2）。護岸ブロックなどをつくっているコンクリート会社のランデスは、木のチップを利用した新しいコンクリートの開発をしました。猫砂（猫を飼育するための排泄用の砂）に木の粉を利用した商品を開発した会社もあります。ここには文化財保護法が規定する伝統的建造物群保存地区である勝山がありますが、この保存制度を活かしたまちづくりも進められています。市内の湯原温泉では天ぷら油の廃油を持ってきてくれたら宿泊費を一、〇〇〇円割引したり、「天丼号」という廃油ディーゼルのロンドンタクシーを走らせていて、とても有名です。真庭市では、バイオマス・ツアーという産業観光を生み出して、経済産業大臣賞を受賞しています。ペレットを製造販売するだけではなくて、バイオマスに関係するさまざまな事業がおこなわれ、大きな波及効果が生まれてきています。

だれがこれをやったのでしょうか。デザインをつくったのは市役所ではありません。地元の若い企業家たちが集まって町の将来について勉強会を始めました。循環型の地域づくりと伝統的建築の保全が、この勉強会のふたつの柱に育っていきました。まちづくりの勉強会をずっと重ねて、東京からいろんな有名な人を呼んできて勉強した。そしてバイオマスによるまちづくりのプランをみんなでつくった。そうしてあるとき、ほぼ同時に、銘建の社長やランデスの社長たちが、バイオマス事業を始めました。投資として、みずからリスクを負って始めました。補助金もなしに。行政の支援もなしにです。これは相互の信頼と目標の共有がないなら不可能です。動き始めたのち、行政がそれに追随し、さらに多くの人を巻き込み、地域全体に広がりました。地域開発が補助金頼み、コンサルタント頼みという事例が多いなかで異質です。これを可能にしたのが、若い経営者たちがつくった「絆」です。

7 人と自然を徹底して活かす――高知県檮原町――

高知県檮原《ゆすはら》町は坂本龍馬の脱藩の道があるところです。高知県の山奥で、県境を越えたら愛媛県。龍馬はそこまで逃げてきて、そこから山を越えします。そのぐらい山の中です。

県境の山の上にはカルスト（石灰岩が雨水などで溶食された地形）台地が広がっており、そこに二本の風車が立っています（写真3）。この町は、ここにあるものは自然しかない、森と風と光と水しかないので、それでまちづくりをするぞと決めて、風力発電、太陽光発電、小水力発電、さらには木質バイオマス事業を始めました。環境省の環境モデル都市にも選ばれています。

観光にも力を入れています。町の主な建物を木で建設しています。木の公共施設や木の橋。ホテルや公共施設は軒並み、隈研吾*の作品です。農家民宿などのグリーンツーリズムも盛んです。龍馬の町なので、町を案内する、龍馬になりきったおじちゃんやおばちゃんたちがいます。

隈研吾が設計した町役場庁舎の入口には、総合案内所があります。日替わりですべての職員が立つことになっています。前の町長さんが決めました。案内係になったら直接町民と話し、町のことを説明し、理解しなきゃいけなくなる。もっと面白いのは、普通の役場だと、課長席がいちばん奥にありますが、檮原ではいちばん窓口側にもってきて、町民の人がもってきた相談事はみんな課長さんがわかるようにしている点です。

ペレット製造が檮原の木質バイオマス事業の中心です。風力発電の売電益を町独自の間伐補助金にして、持続可能な森林認証としてのＦＳＣの森認証*を獲得して、拡大してきました。森から搬出された間伐材を利用してペレットをつくっています。

檮原の森はとてもよく管理されています。日本の森はご存じのように荒れ放題です。山の管理にお金がかかるので、ちゃんと管理する人があまりいません。だから都市市民の森林ボランティアが求められます。檮原の森は、檮原町民の手でしっかり管理されています。

檮原森林組合の事業収益をみると、全国の杉価格が右下がりにあるなかで、檮原町の製品の販売価格は右上がりです。付加価値生産高も右上がりです。全国の森、山間地が貧しくなっていくなかで、ここだけは豊かになっています。京阪神の消費者に付加価値のある高値で木材が買われているのです。わたしは、森林関係の視察先で、右上がりの収益曲線をはじめて見ました。いろんな山間地に行きますが、「木材価格が低い、だから補助費がいるんだ」という話をよく耳にします。たしかに補助金は必要です。しかしもっと経済努力をしたほうがよいと思うことがよくあります。檮原では、自力で問題を解決していった点が特筆に値します。

中越武義さんが環境共生のまちづくりをした前町長でした。檮原には人と自然しかない、と指摘します。人を徹底して活かしていく、人の力で自然を徹底して活かしていく、そこに檮原の成功の秘訣があるように思います。環境共生のまちづくりは環境行政の枠内で終わりがちです。しかし檮原にとって、環境によい町をつくることは、檮原町を経済的に豊かにするというビジョンそのものです。中越さんは、町長になってはじめて総合計画を作るときに、コンサルタントを使わないで、完全に住民にやらせました。住民委員全員に、村の隅ずみまで歩かせて、たくさんの人と話をさせた。住民が課題を発見して提案したことについては、全部ではないにしろ「わたしが責任を持つ」といって実現した。なぜなら参加して提案し

写真３　四国カルストの上に立つ風力発電

たことが実現することによって彼らは誇りと自信を持つ、と中越さんは指摘します。それがとても重要です。参加の過程で町民が育ちます。まちをつくる主体としての誇りと自信があれば、人びとは積極的に事業を提案して、こうしたら、ああしたら、というふうにさらに活発になります。そのプロセスがとても面白いと思います。

さきほど朝廣先生が棚田についてお話しされましたが、檮原町で、一九九五年に日本で最初の棚田サミットが開催されました。棚田のお米というブランド価値をつくり出したのです。すごく上手です。自然を守ることと、そのあと檮原町のお米の値段がずいぶん上がりました。素晴らしい千枚田が残っています。自然を守ることと、人びとがそこで食べていくことは、分けられません。必死に自分の生活を良くしようとする人びとが、ふるさとの自然を守ることや、ここで暮らし続けていくためになにをするかを話し合い、提案し合って、実現していく。その力を引き出すことに中越町長の役割があったのです。

８　市民のコミュニケーション力と環境デザイン力

この時代、地域の環境デザイン力が試されます。それがいちばん必要とされているのがバイオマスだと思います。

全国一、七〇〇自治体にアンケート調査をしました。地域の住民と対話していますかという質問にたいし、バイオマスタウンでないところは、半分が対話していないという回答でした。バイオマスタウンでは、住民、事業者との対話がとても活発です。なぜなら対話しないと成り立たないからです。そのように、行政自身の転換を促すのがバイオマス利活用だと思います。

ではバイオマスタウンのなかではどうでしょうか。別のアンケートをしました（前掲『地域力で活かすバイオマス』参照)。今日ご紹介した大木町、真庭市、檮原町は事業成果をたくさん挙げていますが、そうではない自治体も多くありました。事業成果が高い自治体と低い自治体を比べてみると、いろんなことがわかってきました。狭い環境行政ではなく、まちづくり全体としてバイオマス事業を位置づけている、しかも住民の意見を尊重している、地域の経営者といっしょにコミュニケーションをがんばっている、地域の人びとや企業の連携を促進している、そうしたことを努力しているところはとても良い成果をあげています。しかし行政が上からデザインして「さあやろう」という自治体は失敗するところが少なくない。六兆円の不効率の原因はこのあたりかな、と思います。

スミスは上からのデザインを否定し、社会形成の主軸を無数の市民のがわに置いていたのですが、市民によるデザインもまた否定していました。しかし時代は、スミスをおおきく追い越しています。コミュニケーションがもたらすある種の「絆」を糸にして、市民による環境デザインの可能性について、バイオマスを題材に考えてみました。

＜キーワード＞

バイオマス　生物資源（bio）の量（mass）を意味する概念で、化石燃料を除く。廃棄物系バイオマス、未利用バイオマス、資源作物などがある。バイオマス資源の利活用には、温暖化防止、循環型社会の推進、新しい成長産業、農山漁村の活性化などが期待されている。

外部性　ある経済主体の意思決定や行動が、取引相手ではない第三者にたいして影響を与えることをいう。マイナスの影響を外部不経済（外部費用）といい、プラスの影響を外部経済という。

アダム・スミス（Adam Smith, 1723-1790）　イギリス（スコットランド）の経済学者・哲学者。主著は『国富論』（原題『諸国民の富の性質と原因の研究』）『道徳感情論』。重商主義的な国家政策に反対し、国民が自分の生活の改善を求めておこなう自由な経済活動（労働）が国富の源であるとした。

無縁社会　二〇一〇年のＮＨＫの番組による造語。一人暮らしの末に孤独死をする人や、家族がいても引き取る人がない無縁仏となる人が増えるなど、血縁、地縁、社縁などのつながりを持てないひとり暮らしの増加現象を放送し話題となった。

ユルゲン・ハーバーマス（Jürgen Habermas, 1929-）　ドイツの哲学者。主著『公共性の構造転換』『コミュニケーション的行為の理論』など。フランクフルト学派第一世代を批判して、生活世界における相互了解的コミュニケーションにもとづいて形成される市民的公共圏によって、社会のシステム化や道具的理性化を乗り越えていく可能性を示した。

バイオマス・ニッポン　二〇〇二年に閣議決定されたバイオマスの総合的な利活用をめざす戦略のこと。地球温暖化の防止、循環型社会の形成、戦略的産業の育成、農山漁村の活性化が目的として掲げられ、各種の数値目標が設定された。

バイオマス・タウン　地域のバイオマス利活用を全体的に利用するプラン「バイオマス・タウン構想」を作成し、その実現にむけて取り組む市町村のこと。全国で約三〇〇自治体ある。

隈研吾（くま　けんご、一九五四〜）　建築家。慶応大学教授をへて、東京大学教授。多くの作品と受賞歴を有する。檮原町の木造の公共建築物を手がけ、自身の作品である雲の上ホテルに隣接する木橋ミュージアムが、二〇一一年、芸術選奨文部科学大臣賞受賞。

ＦＳＣの森認証　生物の多様性、水資源、土壌、生態系、景観などを保全する適切な森林管理がおこなわれていることを示す認証のこと。ＦＳＣ認証は、森林の認証「森林管理の認証（ＦＭ認証）」とその認証を受けた森林からの木材・木材製品であることの認証「加工・流通過程の管理の認証（ＣoＣ認証）」の二種類からなる。

＜キーブック＞

ユルゲン・ハーバーマス『公共性の構造転換――市民社会の一カテゴリーについての探究』（第二版）（細谷貞雄・山田正行訳、未来社、一九九四（原著の初版は一九六二、第二版は一九九〇））。近代初期に中流階級を中心として生み出された市民的公共性は、やがて福祉国家化や消費文明化などの流れのなかで衰退していく。第二版でハーバーマスは、現代の市民のアソシエーションに、市民的公共性を再建し新しい民主主義の基礎をつくる可能性を捉えて結論を改訂した。

アダム・スミス『道徳感情論』（高哲男訳、講談社学術文庫、二〇一三）　本文で紹介したアダム・スミスの道徳哲学論の新訳。二〇〇年以上たっても、スミスの人間と社会の洞察の鋭さは色あせない。人びとの共感し共感される喜びにもとづいて、理性、公益、正義など国家のあり方を規定する基本理論を根本的に組み替えていく。読者の共感を得るように平易に書かれているので読みやすい。『国富論』（中公文庫）もあわせて読むとよい。

佐々木毅・金泰昌編『地球環境と公共性』（公共哲学　第九巻、東京大学出版会、二〇〇二）『公共哲学』シリーズは、理論、歴史、現代の問題の脈絡まで、公共性とその問題領域の地図を得るうえで有益である。本巻は、政治哲学者だけでなく、公害問題に取り組む研究者など多彩な論者が参加して、環境問題を公共性の視点からさまざまに論じている。

泊みゆき『バイオマス本当の話――持続可能な社会に向けて』（築地書館、二〇一二）　NPO法人「バイオマス産業ネットワーク」理事長である著者は、長年、バイオマスにかんする産官学の情報共有を推進してきた。自然エネルギーの著書に多い、やればバラ色型の書籍とは違い、地域の現場の問題をふまえて、バイオマス事業が進むべき方向性を提案している。

近藤加代子・大隈修・美濃輪智朗・堀史郎編『地域力で活かすバイオマス――参加・連携・事業性』（海鳥社、二〇一三）　バイオマスにはさまざまな種類があり、地域の資源と地域の人材にあった適切なバイオマス利用のあり方を考えなければならない。本書は、多くの調査を実施し、地域が住民、企業、自治体の地域力を向上させながら、地域にふさわしいバイオマス利活用事業をつくっていける取組みのあり方を明らかにしている。まちづくり政策にも役立つ内容となっている。

寺西俊一・石田信隆・山下英俊編『ドイツに学ぶ地域からのエネルギー転換――再生可能エネルギーと地域の自立』（家の光協会、二〇一三）　再生可能エネルギー固定価格買取制度の導入によって、ドイツでは地域で自立的なエネルギー関連産業がおこり雇用が生まれた。日本ではそうなっていない。地域内の経済循環を生み出すエネルギー事業を展開するために必要な法制度、金融、地域政策について具体例で示している。

ダイアローグ3

1　伝統と近代を縦断する絆

土居　最初に朝廣先生へ二、三質問ですが、震災ののち一時避難、二次避難、仮設というようになんども移動し、そのたびに組織あるいは人のグループをつくっては壊し、解体しては再構築するみたいなことですね。当事者にとってはたいへん難儀ですが、はたから見ると組織化力はやっぱり強いんだな、という印象です。それからベースとしての地域社会の絆、社会のあり方があるんだろうと思うんです。たとえば生業を共有してるとか。それから宗教はどうなっているのでしょうか。神社の話が出ましたが、災害のときに神主さんはいったいどうしたのか、と細部に個人的な興味があったりします。被害を受けた地域社会のもっている基本的な体質というか体力というか、それについてイメージを与えていただけますか。

朝廣　釜石市については、勉強不足です。わたしは、漁業を中心として地域コミュニティが形成されていると感じていますが、いっぽうで釜石市は製鉄業を中心とした企業城下町で、全国から来られた社員の方がたが住んでいる地域でもあります。企業を勤めあげてきた団塊の世代や学校の先生が地域の組織形成に寄与されています。高齢の方は六〇代、五〇代のもっと若い世代に役を任せて、わたしたちは退くということをいわれていました。このような側面もあると思います。

土居　伝統社会と近代が図式的に分かれるのではなく、近代的な機能的な仕組みで社会集団をつくることを経験しているので、ただちに機動的に動けるんだなという気もいたします。それから黒木町は保全モデルが復旧支援モデルになるという、素晴らしい例です。朝廣先生がずっとやってきたことを、少し要素を変えていくと、保全が、そのままではないけど支援になる。蓄積が成果になる。そういうイメージで理解していいんでしょうか?

朝廣　この科学技術振興機構の研究は領域総括やアドバイザーの先生がたが、研究に介在する、介入型マネジメントがとられています。全国にエージェントを派遣できる共助モデルが上位目標ですが、どこにでも山村塾があるわけではないので、地域活動の蓄積がなくても機能するモデルの構築が可能であるかが問われています。

2　躍動する公共圏をもとめて

土居　つぎに近藤先生ですが、政府でもない、市場でもない、公共圏。ハーバーマスのいう公共性ですね。地場産業なり生業なりといった実質的なコアのある社会とか地域のつながりは、まさにこの公共圏において形成される。そのことを社会思想史と、フィールド調査の両面から説明され、たいへん印象的でした。感想かもしれませんが、ハーバーマスのいう公共性の概念は、学生のころはよく理解できなかったのですが、それはぼく自身がかんぜんに市場原理の社会に染まっていたからのようです。そうすると、ときどき言及される地域環境圏というものに社会的基盤があるとすれば、近藤先生ご指摘の、公共性としての環境なのでしょうか。それはかつてのエコロジー思想とか、地球温暖化課題ともすこし次元の違うものなのでしょうか。

近藤　そうですね。エコロジーそのものよりも社会のつながりからエコロジーを捉えるというとよいでしょうか。昨年（二〇一一）お亡くなりになりましたが、二〇〇九年にノーベル経済学賞をもらったエリノア・オストラムさんという人がいます。彼女はコモンズ研究や共同体研究をずっとやってきて、ノーベル経済学賞を受賞しました。不思議な気がしましたが、近現代の経済学の主流は、個人がばらばらに自分の利益を追求したらうまくいくという仮定のうえで、大なり小なりの市場の失敗をどう政府が制御するかで、学派がある。オストラムさんは、ばらばらな個人ではなく、その前提に共同的なつながりのインフラストラクチュアをつくったところのほうがよほど経済的パフォーマンスがいいと指摘しています。今日の話は、それにも敷衍できるものがあると思っています。問題は、つながりそのものです。社会思想と経済学と環境学は、このつながりのあり方やつくり方のところで問題を共有していると思います。

土居　だからまたしてもハーバーマス『公共性の構造転換』なんですが、ぼくの興味に引きつけていいますと、一九世紀の産業家たちはじつはどことなく四国の村のリーダーたちとなんか似てるんですよ。どちらもイノベーションを考えている。一九世紀の産業家にもコンサルタントはいませんでした。ぜんぶ自分で考えたんですよね。それから利潤追求だけでなく哲学がある。つまりまず世界モデルです。たとえば循環図式で世界をとらえて、世界を資金、人、もの、情報が循環するとかというようなある種の世界モデルをつくって、それにいろいろ走らせる。たとえば鉄道なんかもこの図式のうえにのっている。それに対応する公共的なものにもとづく環境社会とはなんだろうか、という問題設定はいかがでしょうか。

近藤　ハーバーマスは、公共性の構造転換を構想するとき、一八世紀イギリスのスミス的世界や一九世紀フランスの産業主義を見ていたように思いますが、最後の問いは、難しいですね。その前の部分だったらお答えできることはあるように思いますが。その前のところは面白そうですので、すこし話します。わたしは、地域の全体のつながりをつくるとかいいましたけど、しょせん無理だと思っています。みんなを信頼してみんなのために行動するというのは、無理です。傑物ならできますが、普通の人は難しいでしょう。ただビジョンは共有できるし、信頼関係を培った人を信頼することはできるでしょう。さらに自分の儲けって大事なことで、生活のためのエネルギーってものすごいものがあって、それでみんな頑張っちゃうんですよね。頑張るなかで、「自分は頑張れる、よくなっていく」みたいなうまい循環ができてくると、かならずしも専門家が計画したものではないけれども、良い経済活動が地域のなかでどんどん起こってくるのかなと思います。

土居　参加というのは、人のポテンシャルをうまく引き出すことなんでしょうか。参加の現場っていうのは公共的なものが躍動している現場なのでしょうか。現場はいかがでしょうか。

近藤　わたしが見たのは、ほんとうに泥臭い、公共的なものの躍動現場です。うまくいった事例では、たいてい関係者とお酒を飲んだ話を聞かされます。いっしょにお酒を飲んで、とことん話し合っていくなかで、いっしょに仕事をする信頼関係を構築していった。檮原で最初に泊まった小さな民宿で、そこに今の町長、銀行の頭取、会社の支店長が来ていて、お酒を飲んで、なにか話し込んでるんですね。そののち、わたしたちとも気さくに飲んでくれました。町長によると、いろんな人たちと話す機会をたくさんつくるようにして、その場にはお酒が出ます。町のみんなとお酒を飲んでは話し込んでいます。くだらない話も含めて。そんな小っちゃなコミュニケーションを積み重ねていくなかに、ビジョンが生まれ共有されていくプロセスがあるかな、という感じがしてます。酒飲めなきゃだめ。

土居　酒の機能は、立場をいちどなくす、おたがい人と人にする、隠しごとを止めさせる。秘めたノウハウを暴露する、などです。お酒が潤滑油だってのはもっといろんな意味がありそうです。

近藤　そうだと思います。朝廣先生もすごいお酒を飲むんでしょうね。ボランティアをやるというのは、いろんな意味でやはり信頼関係が大事ですから。

3　日本社会の困難

土居　朝廣先生の場合ですね、仮設も避難も、人びとは強制力により公的なものに投げ込まれている、その現場であるといえるんですけど、そういったものも含めて、近藤先生の公的なものの概念をふまえて、どのようにお考えになりますか。

朝廣　さっきの議論とつなげますが、やはり日本とヨーロッパの違いは大きいと思います。ヨーロッパは共有地の悲劇にならないように、牧羊により個人の利益を得るけれども、損なわれた環境の保全のために、ボランティアをされます。自分の貢献による公共のメリットは小さいのですが、いっぽうで、保全活動で得られる自分のメリットは大きいのです。このメリットは、牧羊の利益ではなく、美しい景観や、地域の仲間、そして、さまざまな楽しみや、やりがい、技術だったりします。とくに自分の自立を支えてくれる他者との関係性かもしれません。だからどんどんボランティアをして、バランスを得るのです。そういう文化があります。ところが日本はけっこう封建的で、目上の人や男性が、目下の人や女性にたいして黙ってろ、みたいな慣習があります。ムラ社会では、利益を得るのも、損なわれた環境を保全するのも、目上の人の判断であり、ムラを支える組織の活動です。このような違いは大きいと思います。ヨーロッパの一八歳とか二〇代の青年たちと保全活動をすると、彼らはたくみにわたしたちと関係性をつくり、活動を遂行します。比較的しっかりしているのです。ところが日本人の学生さんたちをみると、こうした能力が決定的に不足している印象を受けます。これは、個人の権利、規範、家族と地域の関わり方、共同の仕方、そのような機会のあり方など、多岐にわたると思われます。日本の地域がそういう人材、子どもを育てることができるか。そういう根本的なところが問われているのではないでしょうか。

近藤　それは、ものすごく大きな問題なんですよね。今日のお話のひとつのポイントは、人間をつくるのは対人コミュニケーションだということです。スミスがいっているのは、コミュニケーションとは、想像力であって、立場が異なる人、違う人の立場に置かれたら、自分だったらどうなんだろうって想像して、相手の気持ちを理解することなんです。異質な他者とのコミュニケーションは、そこで他者の立場への想像力が発揮されるからこそ、公平な第三者としての理性を内心に形成していく基礎になるのです。だから生活の場での異質な人たちとのコミュニケーションをたくさんするほど、確固たる人格が形成されるといってもいいわけです。これは学校で教えて獲得されるものではなく、地域社会という生活の場で培われるものです。

ところが肝心の地域社会が空洞化している。家庭に、祖父母はいないし、以前は父さん母さんが家庭にいたけど、最近はあまりいない。コミュニケーションの幅がとても狭くなっていることは、教育の危機です。わたしの学生が卒論研究で、本を読んできて、地域社会におけるコミュニティとか、そこにおける教育とか、綺麗に書いてくる。でもなんだかおかしいと思って、「あなたにとっての地域社会ってなんだろう。子どものころのおつきあいの体験をなにか説明してごらん」とたずねたら、「隣の人が回覧板を持ってきた」、それしかないんです。きわめて厳しいと思います。いろんなことが問題になると思う。最近、学校を地域に解放するコミュニティ・スクールが出てきています。地域の人、学校に来てください。団塊世代の人たち、どうぞ地域に出て行って、そして学校を訪れて、いっしょに子育てをしていただきたい、とわたしは思っています。

土居　ここに来るまえに、基本的には日本は社会のありかたや社会性そのものが当然ヨーロッパと違いますから、その問題にぶつかるのかなという予感はしてたんですけど、やっぱりそうなのかなと思います。ただそれも住民参加とか地域づくりって、社会学のほうでは七〇年代あたりからの市民参加運動から始まったというのが通説です。それまではかなり乱暴な日本国民の均質化政策がずっとやられてきているような気がしまして、日本はまれにみる均質幻想社会、均質化傾向であり均質と思いたがる社会なのでぎゃくに他者がいない、というのが歴史学や社会学からの指摘のようです。これについてはいかがお考えですか。

近藤　わたしもそれはとても強いと思います。他者と違う自分というのが怖いというか。もともと同化志向が強いのに、それがどんどん強まっているような感じがします。都市研究の分野でいわれていることですが、昔の駅前なんかにはいろんな職業の人がいました。店もいろいろだし、大工もいれば、労働者もいて、子どもたちはいろんな人に囲まれていました。しかし郊外団地には同じような人たちしかいない。日本社会の精神性がもともと同化志向が強いのに、子どもたちが育つ地域社会が実際に均質化していっている。そんな感じですかね。

朝廣　緑の文脈からいうと、やはり日本はストレス社会だと思うんです。それは、ヨーロッパと比べて。雨が多い、山が高い、災害が多いということです。福岡の平均雨量は年間一、八〇〇ミリですが、英国は六〇〇ミリていどです。あちらは比較的穏やかな環境なのです。日本のムラ社会は、この厳しい自然のストレスと対峙し、人びとのストレスを和らげるために、均質性を必要とすると思われます。いっぽう厳しい日本の自然は、欧州と比較し圧倒的に多様なんです。ムラ社会は均質であっても、人びとは、多様な自然を見分ける高い感性を磨き、生き延びてきたといえます。ところが都市化、近代化の先に高齢化と人口減少社会が到来し、旧来の村のコミュニティが崩れつつあります。この厳しくて多様な日本の自然環境のなかで、日本人がどのような絆を継承し、新たな社会に適応させていくのか。わたしは、日本人として難しい状況に陥っていると感じています。

土居　かつて日本人は西洋人にくらべて公共意識が低いといって自己批判しておりました。西洋モデルでした。ところがいまでは、追い求めてはいるんだけどなかなか到達できないような、そういうものになっているようです。すると困りましたね。

近藤　困りましたね。幸いなことにというと語弊がありますが、日本社会が崩れてきてしまって、前はがんばればどうにかなっていたんだけど、だんだんどうにもならなくなってきてるじゃないですか。そうするとやはりなにか話し合う、あるいは新しいつながりをつくるなかで、なにかを変えないと生きることが難しくなっていきます。そういうところから本当に地に足がついた民主主義や市民社会が生まれる。理想を追い求めるのではなくて身近なかで、日本に合ったものが出てくる。このことを期待していいと思っています。閉塞状況で逆ブレして、他者への想像力の欠如が暴走を起こさなければですが。

4　一極集中のなかで

近藤　それからもうひとつだけ。地域開発で巨額の金が動くというときに、東京の資本が動くわけです。バイオマス事業で六兆円がどこに消えたのか。多くは東京に消えたんです。メーカーが儲かったんです。先端的で高価な技術や設備を地域に入れたんです。中国やベトナム、発展途上国でもバイオマス利活用をどんどんやっていますが、けっして先端技術じゃない。そんなに難しくないんです。日本では、先端技術の実証とかいって、大学の先生とメーカーが大胆に導入したが、すぐ動かなくなった、という例が少なくないのです。失敗しても、設備を売った東京は儲かる。地域だけが貧しくなった。だからうまくやらないといけない。

同じようなことが自然エネルギーで起こっています。いま固定価格買い取り制度になって太陽光発電四〇円(kwh)になって、東京の資本がものすごく地方で動いています。自然エネルギーは重要です。でもそれは地域を豊かにしなければいけない。今のままだと東京資本が地方に発電機を設置して、地方の人はわずかな地代はもらえるけど、みんなが払った上乗せ分の電気料金の大半は東京に行くということになると思います。

すぐにヨーロッパの例を出すのもどうかですが、ドイツの多くの地域では、地域のなかの資本がエネルギー事業をするようにしています。地域の人たちが自分たちで会社をつくって、自分たちで設置して、自分たちのお金にしていくという取組みを地方自治体が誘導していたりします。だからいま、自分たちが自力でできるか、さもなくば東京の餌食になるか、どちらかです。地域がどんどん貧しくなっていますが、地域の本当の豊かさは地域の人たちが学んで、自分たちで豊かになるために知恵を絞って踏み出す、ということなのかなと感じます。

土居　やはり首都中心ですか。

近藤　そうならないために、ひとりじゃだめでも、地域の人がみんなで起業する。地方都市の人も小規模でいいので、つながりながらビジネスをする。儲けはそこそこでも、地域の再生はできると思います。

土居　だから政府とかコンサルタントに頼らないで、信じ込まないで、自分で考えて。一九世紀の産業家のようにたくましくなろう、ということでしょうか。

朝廣　大事だと思いますね。緑からいうと福岡県の農家の人口はこの五年で約三〇数パーセント減っています。ものすごいスピードです。その農家のうち主業、農業を中心に生計を立てている人は三割くらい、残りはほかの稼ぎで生計を立てている副業的農家や、自給的農家です。田舎の農林地を支えているのは高齢者や複合的に仕事をされている世帯といえます。この七割にたいする国の支援は大きくはありません。今後、このような層のさらなる縮小が想定されますが、今回のような八女市の水害（一二二ページ）にたいし、どのように地域の保全を実現していくのでしょうか。これは農林業だけの問題ではなく、田舎や中山間地を生活圏、すなわち人と自然の生活地域として捉え、十数年のちも持続できる田舎の理念やプランを考えなければならないと思います。

土居　明るいばかりじゃありませんが、あまり政府とか市場原理に頼らないで、なんとか自分たちの地域の知恵を出す、単純な参加を越えた、生きのびるための知恵を出すべしと、だいたい見えてまいりました。ありがとうございます。

第4部　文化財をいかに共有するか

二〇一三年一月一〇日　冷泉荘

二〇一三年が明けて四回目で最後の講座は、文化財、歴史、信仰なども絆であろうという想定である。個の自立、コミュニティ、共同体、アソシエーションはどれも西洋的で近代的な社会モデルであるが、日本流のモデルも伝統のなかに再発見できるかもしれない。

福島綾子は文化財学が専門であり、五島、奄美、香港などをフィールドとし、教会建築の営繕を研究している。同時に信仰を成立させる香港社会のあり方そのものへの視座も展開している。今回は教会堂建築にみる絆ということでお話ししていただいた。

岸泰子は、都市空間のなかの宗教施設のあり方から研究を始めた。朝廷の内裏のある施設が下賜されるとき、建物とともに儀礼もいっしょに下賜される。今日は、その関心を広げて都市空間と貴人の関係、貴人が都市空間のなかを移動することの意味を再発見する。

藤原惠洋は、日本の近現代建築の研究から、文化財学全般について研究している。いまでは文化庁の委員会などを務めているという日本有数の権威である。今回は高所大所から文化財がいかにして絆になるのか、というお話である。

教会建築の営繕をめぐって

福島綾子

1 「営繕」について

わたしは宗教建築*の営繕*をテーマにお話しさせていただきます。営繕は、新築などの建設、竣工後の維持管理、修復、改修、解体を含みます。わたしが研究しているのは、おもにカトリック教会堂ですが、「生きている」教会堂という視点でいうと、いまも現役で教会堂として使われているものと、さらに、文化財となったもので現役のものがあります。また、現役でない教会堂もあります。それらについてみていきたいと思います。

伝統的にキリスト教会堂の営繕は、カトリックもプロテスタントも、ロシア正教も、あまり大差はなかったようです。最近はあまりありませんが、戦前までは聖職者みずから設計したり、場合によっては施工管理までしているということがよくみられました。そして信徒は、労働奉仕といって、建築などの営繕に労働力を提供して関わってきました。さらには信者ではない地域住民までもが、営繕に関与しているという地域もあり、わたしはこれを「普請*」だと思っています。普請は、本来はキリスト教にもとづくものではありませんが、日本の集落では「ユイ」とか「カセイ」ともいわれ、稲刈り、屋根の葺き替え、集落の道路整備などを、地縁や血縁でおこなってきました。

また営繕のために信者は寄付をします。不足するぶんは、さまざまな方法で資金調達をします。当然ですが、宗教コミュニティが用意できる予算におうじた営繕をやっています。さらに信者数の増減など、その時どきのコミュニティの変化に柔軟な営繕をやってきています。

2　教会堂営繕の具体例

すこし事例をみていきます。

カトリック江上教会は一九一八年に竣工しました。長崎県五島列島の奈留島にあります。二〇〇八年に国の重要文化財*になりました。重要文化財になる以前は、島の信者が大規模な修繕もすべて自力でやってきました。信者のなかに工務店の方がいました。敷地内の整備もやってきました。ですが重要文化財になったら、こういうことは今までのようにはできません。あとでまた説明します。

カトリック瀬留教会は一九〇八年に竣工、奄美大島にあります（写真1）。こちらは重要文化財ではなく、国の登録有形文化財*になりました。ご存じの方もいると思いますが、登録と指定は違いまして、登録の場合は、コミュニティみずから営繕できます。一九八〇年代には、曳き家をし、大規模な修復をしまして、大工さんとともに信者さんが施工の大半をおこないました（写真2、3）。さらに瀬留教会の場合は特殊で、集落の信者でない人も協力する。工事が終わったあとも「ご協力ありがとうございました」というバナーが掲げられていて、これは地域へのメッセージなのだと思います（写真4）。

また長崎の五島に戻ります。旧五輪教会は一八八一年竣工です。まず市の文化財になりました。一九九九年には国の重要文化財になりました。旧教会堂なのでもう教会ではありません。この集落には三世帯六名の信徒さんが住まれているのですが、新しい教会堂が旧教会堂の目と鼻の先に建っています。一九八〇

瀬留教会　右上　写真１　正面。右下　写真２　信者や地域住民による修復。
左上　写真３　信者や地域住民による修復。左下　写真４　修復後。
写真２〜４はカトリック瀬留教会提供

年代に、旧教会堂を維持管理できない、新しい建物をコンクリートブロックで建設するほうが安くて簡単だということで、この教会堂を建てました。それでもとの教会堂を解体しようとしていましたが、研究者や行政が保存を求めまして、文化財として保存されるにいたりました。

3　文化財制度と営繕

すこしまとめます。営繕のあり方は、文化財指定があるかないかでずいぶん変わってくると考えています。文化財の指定がされておらず、かつ現役で使われている教会堂と、国の重要文化財になっている教会堂を比べてみます（図1）。

所有は、指定のない教会堂はとうぜん宗教法人がもっています。重要文化財は、現役で使われているものは宗教法人が所有していますが、現役で使われていないものは、場合によっては、国都道府県、市町村など自治体の所有であったりします。

日常の維持管理、掃除は所有者、使用者、つまり信者がやっています。文化財教会堂も、現役で使われているものは信者がやっているのですが、現役ではないものについては、所有者が「管理責任者」を選んで、維持管理を委託することになります。

「現状変更」*というのは文化庁の用語ですが、日常の維持管理の範囲外で、建物や敷地に改変を加える行為です。修理とか増築とか解体などです。そういうことは、文化財でなければ、所有者の判断によって、いかようにもできます。重要文化財になれば文化庁の許可が必要です。どういう場合に許可が必要かを所有者が判断するのは難しいですし、許可にもそれなりの時間がかかって、所有者の自由にはできません。

大規模な解体修理や半解体修理をおこなうときの資金源は、文化財でない教会堂では所有者、使用者が

	文化財指定なし 現役教会堂	重要文化財 現役教会堂	重要文化財 旧教会堂
所有	宗教法人	宗教法人	国 / 地方自治体など
日常維持管理	小教区司祭・信徒	小教区司祭・信徒	管理責任者
現状変更	小教区の判断で可	文化庁の許可必要	文化庁の許可必要
大規模修理 資金	小教区信徒 / 宗教法人	文化庁 50–85% 所有者 15–50%	文化庁 50–85% 所有者 15–50%
大規模修理 計画	建設委員会 小教区司祭・信徒 / 宗教法人司祭＋委託建築家	修理検討委員会 小教区司祭・信徒 / 宗教法人司祭 ＋自治体職員＋文化財保護審議委員（＋文化庁職員＋文化庁承認修理技術者（主任））	修理検討委員会　所有者＋自治体職員＋文化財保護審議委員 （＋文化庁職員＋文化庁承認修理技術者（主任））
大規模修理 修理方針	機能・典礼・ 予算重視	当初復原，ある時点の復原，不燃・耐火などの安全性	当初復原，ある時点の復原，不燃・耐火などの安全性
大規模修理 設計監理	委託建築家	文化庁承認修理技術者	文化庁承認修理技術者
大規模修理 施工	建設委員会が選定する業者	修理検討委員会が選定する業者，自治体の登録業者（指名競争入札）	修理検討委員会が選定する業者，自治体の登録業者（指名競争入札）

図 1　重要文化財指定の有無による営繕体制の比較

自分たちで資金を調達するわけで、行政が出すことはありません。重要文化財の場合は所有者と国（文化庁）が五割ずつ負担する。ですが、所有者の財政規模におうじて、所有者負担が一五パーセントまで減ることがあります。

修理の計画はだれがつくるのかというと、文化財ではない場合は、教会が「建設委員会」や「建築委員会」という臨時のグループを設立します。そのメンバーは、司祭、信徒代表がなん名か、その人たちが選んだ建築家などの設計者です。重要文化財の場合は、「修理検討委員会」とか「修理委員会」とか「保存修理委員会」などと呼ばれる委員会を同じように組織します。委員には、文化財ではない場合と同じように司祭、信徒がなられるのですが、実際に計画する人は委員になっていない、文化庁の専門職員と文化庁が承認した修理技術者が、きわめて詳細な指導をおこなうのが通常です。かならずしも全体の修理計画を所有者が決めるわけではありません。

修理の方針ですが、文化財ではない場合は、そのときどきのニーズにおうじて、機能や典礼や予算を重視して、柔軟に決めます。文化財の場合は文化財として修理をおこなうので、当初復原をしたり、研究の結果、重要と認めたある時点のデザインに復原をしたりします。重要文化財ということで、不燃、耐震などの安全性を重視した修理をおこないます。

設計監理ですが、文化財ではない場合は、「建設委員会」の判断で選定できます。信徒である建築家を選んだり、コンペをしたりする場合もあります。重要文化財の場合は文化庁が承認した「修理技術者」でないと、設計監理ができないことになっています。いま日本には一、〇〇〇名ぐらいの修理技術者がいると思いますが、そんなに多い数ではありません。

施工も同じく、文化財でない場合は「建設委員会」の信徒や司祭が、入札でも随意でも、自由に決められます。重要文化財の場合は、税金でやっていることなので、通常、指名競争入札をおこない、重要文化財修理の経験が重視されます。かならずしも地元の事業者が受注するわけではありません。

このようにみてみると、重要文化財になると、現役で使われていたとしても、とたんに所有者、使用者である信者の関与できる余地がきわめて小さくなる。じっさいに制限なくできるのはお掃除ぐらいになってしまいます（図1の網掛け部分は、所有者・使用者である司祭や信徒の関与部分を示す。）。

4　文化財価値としての営繕活動

わたしがさきほど紹介した五島の教会で信徒にお話をうかがったところ、やはり自分たちで建てたり修理してきたからこそ、建物の所有意識をつよく持っているし、建物のこともよく理解している、とおっしゃっていました。そういう自前の営繕をやっていることで、コミュニティの一体感というものも、信仰の一体感とはまたべつにできるというお話を聞きます。重要文化財になるかならないかは、かならずしも信徒が判断できることではないので、重要文化財になることにとても不安がある方もいると聞きました。

わたしはこの営繕という、有形のものではない、おこない、活動が文化財の価値であるはずだと思っています。それをどのように文化財価値として位置づけられるか、ということを考えています。文化財の価値*としてまだ位置づけられていませんが、位置づけたいと思って、研究をしています。日本だけでなく世界各地の教会堂を訪れては、その地域の信徒さんがどのような営繕をしているのか、拝見しています。宗教コミュニティに限定した話ではありましたが、コミュニティの絆はこういうところから醸成されているのだと、日々感じています。事例はそんなに多くないと思うのですが、信者のみならず、非信者も含めた地域住民が大事にして守っている教会堂もございますので、場合によっては宗教建築が地域の絆になっているような事例もあります。
ともに教会堂を営繕してゆくことそのものが絆であると考えています。

＜キーワード＞

宗教建築　キリスト教、仏教、イスラム教などの主要な宗教にかぎらず、民間信仰などもふくむ、なんらかの信仰のために建設された建造物あるいは工作物。教会堂、寺院、神社、廟、祠など宗教儀礼をおこなう施設のみならず、墓地、宗教組織が設立した学校、病院、福祉施設、住居、祠、殉教地の史跡なども広義の宗教建築あるいは宗教遺産といえる。宗教建築には「生きている」もの、すなわち現役で使用されているものと、現役ではもはや使用されておらず遺跡のようになったものや、博物館や商業施設などのほかの用途に転用・活用されているものがある。

営繕　建築物の造営と修繕を指す。すなわち、新築、増築、改修、修復、建て替えなどの建設行為。

普請《ふしん》　人びとはいつの時代も、相互互助によって共同生活を営んできた。互助行為やその精神は「ユイ」、「モヤイ」などと呼ばれてきた。社会学者の恩田守雄は、普請は、資源の再分配的行為であるモヤイに含まれるとしている。普請とは、集落・共同体構成員が協同しておもに村のインフラ整備・維持管理をおこなうものである。道路を整備する道普請、川の清掃・護岸整備などをおこなう川普請などがある。村の公共事業ではなく個人間での互酬的性格の強いユイに近い普請もある。個人の住宅や、集落が共同で使う施設を建設・修繕する家普請、茅葺きなどの屋根を葺き替える屋根普請などがある。戦後の行政業務の拡大、貨幣経済の浸透、大工や建設業などの職能化、機械化、核家族化の進展により、こうした互助行為はおおきく衰退した。

文化財の価値　文化財の価値は有形および無形のものがある。イコモス（国際記念物遺跡会議）オーストラリア国内委員会が策定している「バラ憲章」が代表的な文化財価値を簡潔に定義しており、世界でひろく使われている。この憲章では、審美的価値、歴史的価値、科学的価値、社会的価値、精神的価値が定義されている。従来の価値評価は、建築様式や歴史的事件などの有形性、審美性、歴史性、希少性に偏ったものであったが、近年は社会的価値や精神的価値などの無形性を評価する必要性が認識されてきている。

重要文化財　「文化財保護法」で定義された「有形文化財」（建造物、絵画、彫刻、工芸品、書跡、典籍、古文書そのほかの有形の文化的所産）のうち、わが国にとって歴史上または芸術上価値の高いもの、ならびに考古資料およびそのほかの学術上価値の高い歴史資料を、文部科学大臣が重要文化財として指定する。ちなみに「国宝」とは、重要文化財のなかからさらに「世界文化の見地から価値の高いもので、たぐいない国民の宝たるもの」として指定されたものである。

登録有形文化財　一九九六年、文化財保護法にあらたに追加された制度。背景には、重要文化財の指定はハードルも高く、また、厳しい規制のために指定されることを好まない所有者が少なくないということにくわえ、一九九五年の阪神淡路大震災おいて、比較的新しい近現代の文化財が多く被災し、保護する手立てのないなかで失われた経験がある。また、国際的に文化財価値が多様化し、「モニュメント」的な文化財以外の価値を積極的に認めるようになったことも背景のひとつである。こうした文化財の価値を、指定ではなく登録という緩やかな制度で認め、長期的な保存・活用につなげていくことを目的とする制度である。

現状変更　文化財保護法で指定・登録された文化財にかんし使われる用語。現状変更とは、建築物の新築、改築、増築、撤去、道路の新設、舗装及び維持改良など、住宅の外壁補修、塗り替え、工作物の設置および撤去、仮設物の設置、土地の形質の変更、土壌・岩石の採取、植物の採取、木竹の伐採・植栽などを指す。現状変更は事前に文化庁長官の許可が必要である。文化財の所有者や居住者・使用者が文化財指定以前におこなってきた、建造物の改修、修復工事なども現状変更に含まれる。

＜キーブック＞

ヨキレット　**『建築遺産の保存　その歴史と現在』**（アルヒーフ、二〇〇五）　建築の「保存」そのものは一九世紀以降の近代的な概念であるが、事実としての保存の営みは、そもそも建築が存在したころからある。そのような観点から、古代から現代までの建築遺産の保存にかんする、専門家、理論、実例、法制度、を考えられる最大限に包括的に記述した文献。

三沢博昭　**『大いなる遺産　長崎の教会』**（智書房、改訂版二〇〇〇）　明治以降、パリ外国宣教会から長崎に派遣されてきた歴代宣教師たちが、ときに日本人建築家鉄川与助の力も借りて、建設した教会群を調べたもの。宣教師たちの詳しい経歴、それぞれの教会堂の構法、構造、平面、様式、装飾など多岐にわたる詳しい建築学的な分析が集積されている。

カトリック中央協議会　『YOUCAT カトリック教会の青年向けカテキズム』（二〇一三）　カトリック教会の信者は、どこの国であっても、『カトリック教会のカテキズム』という書物でキリスト教について学ぶ。本書は青年むけに書かれたカテキズム（要理）。どの宗教、宗派であれ、宗教建築、宗教遺産の価値や保全は、教義の理解なくしては論じることはできない。信者でなくとも、カトリック教会を理解するのに有用な書物である。「信じる」「祝う」「生きる」「祈る」という四編の構成になっており、平易な文体でカトリック教会の教え全般が解説されている。

近世の天皇と町のつながり——安政度内裏遷幸を例として——

岸　泰子

1　はじめに

わたしは、都市史または建築史を専門にしています。また最近は遺構や歴史的建造物や町並みの保存の現場にも関わっています。

現在の建築・都市史学では日本史学との連携もふくめてやっていくことが主流になっています。わたしもその手法を取り入れながら研究を進めています。今日は建物の保存についてはほかの先生方がされると思ったので、文献を使って都市の歴史を読みといていきたいと思っています。

さて、都市史の視点から、絆というキーワードをどういうふうに扱おうかと思ったんですが、今回は都市災害——日本の場合だと洪水もありますが、やはり火災が多い——ののちにみられる儀礼をとおして都市のなかに絆がどう表れてくるのか、考えていきたいと思います。

2　都市・京都

わたしの研究は京都が中心ですが、そのいちばんの理由は、史料が多いというのが正直なところです。ただし、京都は日本の都市の変化がよくわかるところでもあります。そもそも、京都には古代に、日本における最後かつ未完の都城（条坊制にもとづき建設された都市）といわれる平安京*が築かれました。未完というのは、都市が未完成の状態で内裏が移ってきて、そのあと人びとが住みこなしがら、どんどん空間を変えていったからです。ただ、京都ではいまでも平安京のときにできた条坊制をそのまま街区としています。京都のすごいところですね。幅はすこし変わってますけど、道の位置はほぼそのままなのです。いっぽう、中世になると都市域が上京と下京に分かれます。そのなかで町人たちは自治組織を強めていきます。そして中近世移行期には博多と同じように、豊臣秀吉によって改造されます。これで町の姿もおおきく変わります。たとえば京都の周りは御土居（京都を囲むように建設された土塁）で囲まれてしまいます。

そして今日お話しするのは江戸時代（近世）の京都のことです。江戸時代の京都には二条城の周りに武家町が形成されていました。また、御所のまわりには公家町がありました。あとは寺院が集中していた寺《てら》町《まち》もありました。そして、天皇が生活していた空間が、禁裏御所（内裏）と呼ばれていたところになります。

3　安政度内裏と遷幸

京都がほかの都市といちばん異なるのが、天皇の存在です。みなさんが近世の天皇像をどういだいているか知りませんが、基本的に、近世の天皇は姿を見せません。江戸時代のごくごく初期と後期をのぞいて、多くの天皇はその地位にいるあいだ御所の外に出ることができませんでした。

ただし天皇にも必要に迫られてですが外に出る機会がありました。それが火災です。御所に火事がせまると、天皇はそこにいては身が危ないので、避難をします。そしてその避難先に仮御所を設けて、しばらく滞在します。そのうち徳川幕府が内裏をつくってくれると、新しい御所に帰ることになります。これを

「遷幸《せんこう》*」といいます。

具体例をあげてもうすこし詳しくご紹介しましょう。江戸時代の禁裏御所というのはなんども焼けます。そのたびに再建されますが、現在の京都御所は嘉永の大火（一八五四）ののちに建設されたものです。さて、この嘉永の大火の発生元は御所内でした。ですから、孝明天皇はいそいで内裏から避難することになります。もちろん、近臣や神器などが伴いますが、着の身着のままに近い状態だったのではないかと思います。そして天皇らは下鴨神社に移動したあと、聖護院（左京区にある寺院）に避難しますが、すこし遠いということで、結局、桂皇居の邸宅に仮御所を置きます。これは内裏のすぐ北側にありました。天皇らはこの仮御所で、幕府が内裏を造営してくれるのを待ちます。そして、それができあがり引き渡されることになると、天皇は近臣の公家や武家も引き連れて新造内裏（安政度内裏）に遷幸していきました。ただし、このとき天皇はわざわざ遠回りの遷幸ルートを選択します。ここに安政度の遷幸の特徴があります。

なお、先に神器といいましたが、これは内侍所《ないしどころ》ともいいます。内侍所とは、もともと内裏のなかの神鏡をまつるところです。そこがだんだん神社の役割を果たす建物になります。近世中期ごろになると節分の日にそこをわざわざ開放して、京の人びとに豆を授けます。人々に積極的に開放される禁裏内の施設です。ただしこの安政度遷幸では内侍所は天皇とは別に戻ってくることになります。この違いは近世の天皇像を考えるうえでとても興味深いのですが、それはまたの機会にご紹介します。

話を戻しますが、この遷幸時には都市のなかに祝祭の空間が用意されます、道筋には砂がまかれ、前の日から町中に灯篭や行燈も設置されます。

4　遷幸の背景

では天皇と天皇を支える機構である朝廷は、なぜこういう機会をもったのでしょうか。

火災はたびたびありましたが、これほど大規模な遷幸は初めてでした。そしてじつはこのとき孝明天皇のほうから「どうしても町の様子を見たい」という意思が示されたのです。これを受けて禁裏も幕府もいろいろ検討していきます。たとえば、天皇の乗る車の種類です。天皇の乗物は特別で、正式なものを鳳輦《ほうれん》といいます。公家が乗るものとは様式が違います。遷幸では天皇の車の前後を、いまでいう警備の人たちのように、武家とか公家がついていくことになります。しかし計画当初は天皇の車として八葉御車の使用が検討されていました。それが、なぜか鳳輦に変更されたのです。正式な姿の天皇を見せたかったのでしょうか。また順路についても、寺院が連なっていた寺町を通るかどうかが検討されました。そして結局、天皇が見るには適さないという理由で道順から外れます。さらに寺町道を通るとなると「武家門」――幕府がお金を出して禁裏御所のまわりにつくった門――をくぐらざるをえなくなるのですが、そうすると門を壊さないと通過できないから、そこは通ってくれるな、と幕府側もいうわけです。ほかにも問題はいろいろとあったのですが、最終的には室町通を経由するルートが選ばれます（写真1、2は現在の様子）。

安政度の遷幸ルートを地図上にプロットしました（図1）。仮御所からぐるっと左回り、反時計回りで回って禁裏御所にかえっていることがわかります。本当でしたら、すぐ隣り合っているところなので、ものの数十メートルでかえれるはずです。それをわざわざ、ぐるぐる町のなかを通る。ではなぜこのルートなのかという疑問がわきます。

ここで注目したいのが、メインの通りとなった室町通を選んだときの幕府の説明です。この室町通ならば、おそらく遷幸の道筋にあたっても迷惑と思う町が少ないのではないかと言うのです。

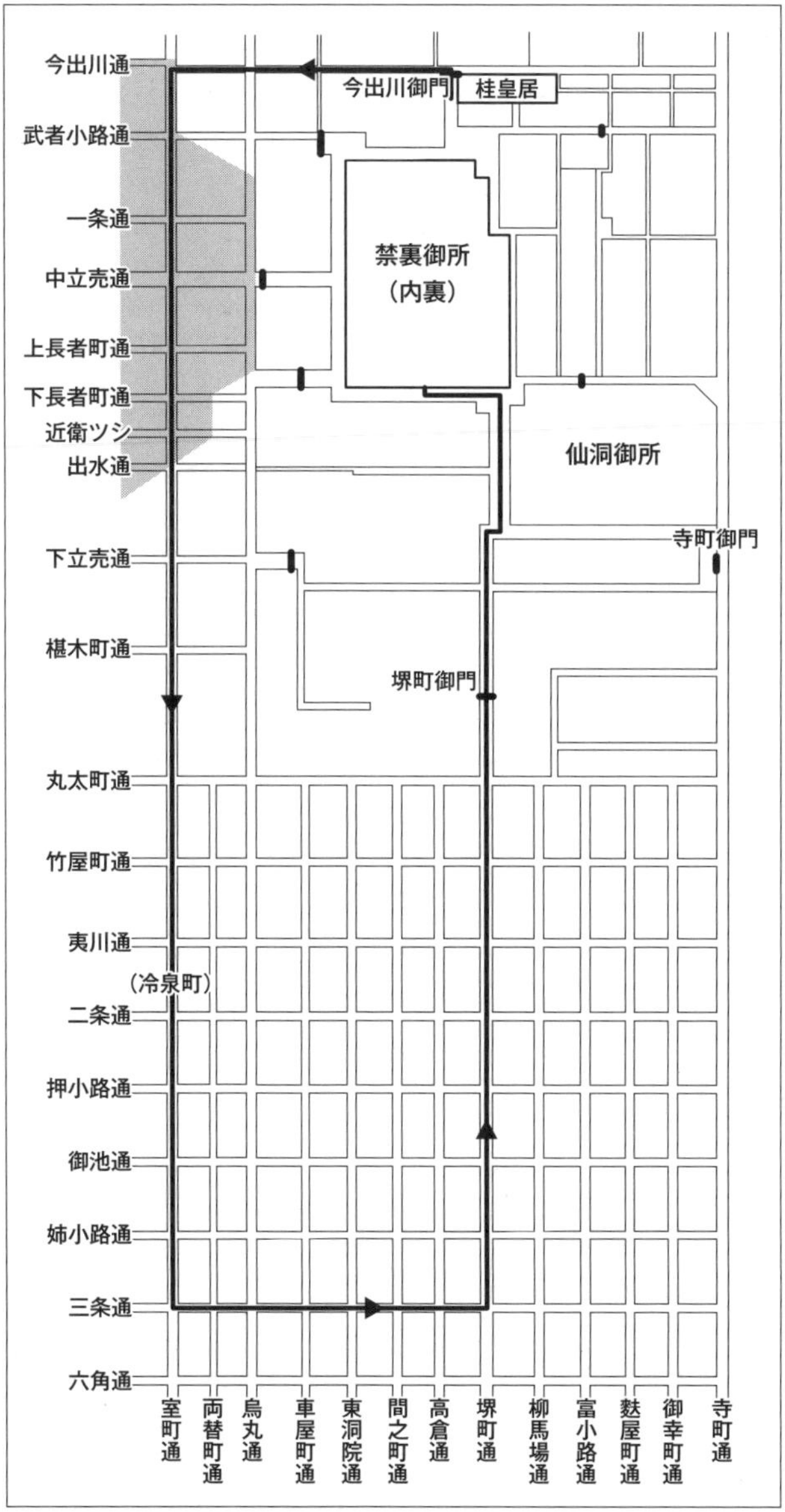

図 1　安政度内裏遷幸道筋
拙著『近世の禁裏と都市空間』（思文閣出版、2014 年）第３部第３章掲載の図をもとにした。
グレーの範囲は嘉永７年の火災で延焼した町の範囲（築地之内の外の範囲のみを表示）。

では、なぜ迷惑にならないとされたのか。天皇の鳳輦が町中を通るとなると、町屋を壊さねばならない。さらに砂をまいたり、松明をたいたりしなくてはいけない。そういうものは全部町が負担しないといけない。だから、経済的な余裕がないとなかなか難しい。しかも内裏から出た火災がかなりひろく延焼してしまい、町人たちの町もかなり焼けてしまっています。こういう状態ではよほど余裕がある町でないと、いくら天皇が通るとはいえ、準備そのものを迷惑と思ってしまうでしょう。その点、室町通沿いには、三越の前身となる三井家*などの商人が多く住んでいました。ほかにも、いろいろな職業の人びとや、豪商といわれる人たちがたくさん住んでいました。ですからわざわざ室町通が選ばれたのではないかと思うのです。

また天皇が「町の様子を見たい」といったことをどう理解するかも重要です。じつは安政のとき、はじめて町人から内裏造営のための寄付を募ります。それも身元よろしきものからだけで、寄付する人の状態も吟味をしています。室町通にはそういう身元よろしき人たちが多く住んでいる。そういう人たちにこたえるために、二〇〇年ほど外に出ていない生きた天皇を見物させる機会をあえて設定したのではないかとも思うのです。

5　遷幸と町

あとは遷幸を迎え入れる側の様子もみておきましょう。人々のいちばんの楽しみは、華やかな遷幸を見ることにあります。ただし町《ちょう》*や町人らは、単に見るだけではない。彼らは、そのなかに自分たちの利益を見つけ出します。町人らは全国からやってくる見物人たちに部屋を貸しています。しかも見物するための場所代みたいなものを取って、商売をしています。さらに、有力な町人のなかには、西本願寺の門主らを

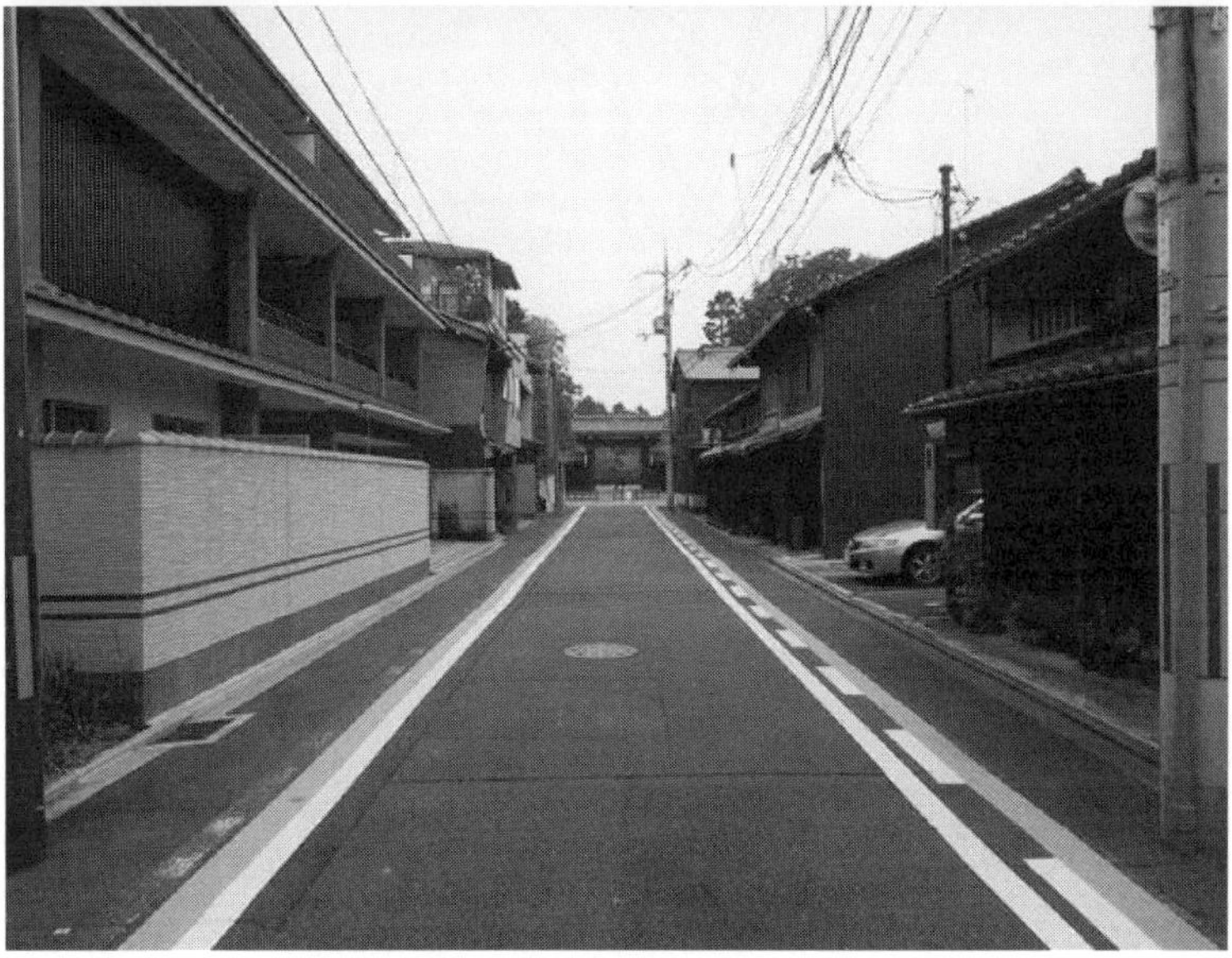

写真 1　現在の室町通（姉小路通から三条通）
写真 2　現在の堺町通（正面に見えるのが堺町御門）

わざわざ自分のところに呼んで――お金は取らないと思いますけれど――おもてなしをしたものもいました。また、先にも出てきた三井家には拝見を依頼してきた人が三〇〇人ぐらいいたことが史料からわかっています。三井家がどれぐらい引き受けたかは不明ですが、当日の記録によれば、朝から掃除をし、料理を作り、お客さんが来られたらおもてなしができるような状態にして、遷幸という儀礼を迎えていました。このように、いわば社交・接待の機会としても遷幸という儀礼は活用されていたのです。

6　おわりに――絆と歴史――

そろそろおわりにしますが、都市の儀礼に着目すると、それらは権威者たる天皇の意図がつよく反映されたものであるいっぽうで、その行為を支え、さらに受容する要素があってこそ成立していたことがわかります。しかも、遷幸の場合は、天皇側が民衆の人気を気にするなど、儀礼の実施そのものが町や町人の側に依存していた傾向もみてとれます。いずれにせよ、遷幸は、天皇という権威者と民衆のあいだに形成された「絆」があったからこそ実現した儀礼と評価することができるでしょう。

しかし、ここで忘れてはいけないのが、その絆が生じた背景です。この事例のように、町側に天皇の姿をみたいという思いだけでなく、関係者を見物に招待することで自らの家の経済性や社会的地位を向上させたいという意図があることが重要だと思うのです。「絆」というとじつにきれいに聞こえますが、そこには現実的な目的（利益）が相互で一致したときに成立するという側面もあるのではないでしょうか。ただし、このような背景は変化を遂げるものです。実際、遷幸にみられるような天皇や町の意図も、近世初期や幕末では異なります。ゆえに、絆といわれる関係性の背景がいかなる変化を遂げるのか（遂げたのか）ということを解明していくことが、現在の「絆」の問題を根本からみなおすきっかけになる。ここに、歴史学や建築・都市史学の役割があるのではないかと思っています。

＜キーワード＞

平安京　七九四年（延暦一三年）に桓武天皇が遷都してきた都。日本における最後にして未完の都城といわれる。条坊制（全体を碁盤目状に区画し、中央北部に宮域を置き、宮域正面から伸びる朱雀大路の東側を左京、西側を右京とする）にもとづく都市計画が実施された。

京都御所（禁裏）　現在の御所は、一四世紀になって正式な内裏となった土御門東洞院内裏を中心に構成される。江戸時代には焼失・再建が繰り返され、現在の京都御所の建物は一八五五年（安政二年）に再建されたものである。天皇が出御する紫宸殿、清涼殿、常御殿、内侍所、などからなる。

遷幸　『日本国語大辞典』（精選版、小学館、二〇〇五）には、以下のように定義される。①天皇が都を他の地に移すこと。遷都すること。また、新しい都へ天皇が移っていくこと。②天皇・上皇が他の場所に行くこと。遷御。本章では、②の意味で用いている。

三井家　家祖は三井高利。江戸時代、京都や江戸において呉服店や両替商を営んだ豪商のひとつ。本家は、京都の上京の冷泉町に屋敷地を構えていた。明治維新後は、貿易業なども展開し、三井財閥を形成した。百貨店の三越は、三井家の呉服店を継承している。

町《ちょう》　中世から近世にかけての日本の都市の多くで用いられた都市社会の基礎単位。中世後期には自治的な共同体として機能するとともに、城下町形成においては計画基準としても用いられた。江戸時代には、都市行政を浸透させる制度（単位）としても機能した。

＜キーブック＞

吉田伸之他編『図集　日本都市史』（東京大学出版会、一九九三）　日本の都市の形態（類型）と社会構造の変容に着目して、その特性を総合的に解明しようとした記念碑的な資料集・文献。日本の古代から近代の都市が網羅されており、都城や中世都市、城下町などもくわしく解説されている。

高橋康夫『京町家・千年のあゆみ――都にいきづく住まいの原型』（学芸出版社、二〇〇一）　都市「京都」や生活空間となる町家の成立を、人びとの住みこなしという観点から解明する。人間が生活するなかで、都市や住居がどのように変化するのかを、史料にもとづき専門的かつわかりやすく解説した研究書。

岸泰子『近世の禁裏と都市空間』（思文閣出版、二〇一四）　近世の禁裏の信仰、儀礼などに着目し、建築・都市史的観点から禁裏とそれをとりまく近世京都の空間・社会の特性を解明する。本書でとりあげた安政度の遷幸の特性については、第三部第三章でくわしく考察している。

文化財をめぐる町の矜持

藤原惠洋

1　地方の小都市をめぐる文脈・矜持・紐帯

わたしは福島先生や岸先生のような、はつらつと研究にチャレンジされている方がたの姿を拝見しますと、こんな話をしていいのかという感じで、野暮ったい話ですが、今日はあえてやります。土居先生とわたしは、ちょうど昭和三〇年前後の生まれですので、社会改革に挑まれたさらに上の団塊の世代の先輩たちの背中を追いかけるように、でも彼らとはまったく違う生き方をやろうじゃないかというので、さらにいろいろなチャレンジをやってきたと思います。わたしは、自分のなかでやってきたチャレンジというのは、歴史研究のような文脈にたいする興味関心を募らせるとともに、それをただ過去で終わらせるのではなくて、次につなげていくためにどんなチャレンジができるか、ということです。わたしたちの同輩たちは隈研吾をはじめ、みんな実践家、建築家、あるいは都市計画家として、いろんなところで大活躍して、なおかつ土居先生は彼らをさらに厳しい言葉で、批判したり鼓舞したりされておられます。

わたしは、あえて中心に向かわない、むしろ周縁に向かうような自分の生き方を模索しました。人口三万から一〇万みたいな都市や村にたいする興味関心がきわめて強い。いま全国に一、七〇〇ぐらいの町や村があるんですが、じつはその多くが人口三万から一〇万くらいの地方都市です。この地方都市がどのような生き方をしていたのか、あるいはこれからしていくのか、そんなことを二〇年くらいかけていろいろ検討してきましたが、二〇一一年に東日本大震災があって、強大なカタストロフィをまえにしたとき、いろいろなことを見つめなおさなくてはいけない、ということになった。その再生という行為のなかで、絆というキーワードがあちこちで鼓舞されました。そのことはとても大切だと思うんですけど、わたしはどうもそこで鼓舞された絆という言葉に自分がなじまない、なじめないことを振り返るなかで、今日いただいたお題には、過去との対話というとても抽象的、でも文学的な言葉が使われていたので、どんなことを考えたらいいか悩みました。悩みながらいったんこの議論はほっぽり出して、年末年始は学術研究のために渡航していまして、ドイツと東欧にいました。帰ってきて急遽、答えを準備しようとしましたが、無理にまとめようとしてもうまくいかないので、算段をしました。

昨年、今後大学院に進学しようという候補者や大学院進学希望者である若い学生諸君にたいして、わたしがいま所属している環境遺産デザインコースをプレゼンテーションする必要性に迫られました。このコースがどんなコースで、どんなプログラムで、どんな勉強ができて、そのあげくどんな社会的な活動ができるのか、その話をしなくてはいけないんですが、いまおそらくそういう制度の問題とか、コースの売り文句をうたうのではなく、やはりひとつの文脈をとらえるには、このコースはたいへんいいチャンスなんだぞという話だけを、志望者の若い学生諸君には訴えることが有効だと思い、一〇枚ほどのスライドを集めて話をしました。それらをみせながらわたしが考えたことを説明します。それらをとおして落語の三題噺にはなりませんが、わたしの絆という言葉にたいする、なかなかなじめない自分の愚直さみたいなものをみなさまのまえで振り返ってみたいと思います。キーワードとして「文脈」、「矜持」、「紐帯」を考えました。そのままに、いまいったある種の問題意識みたいなものを、ふたつの事例にそくしてすこし考えたいと思います。

2　さまざまなカタストロフィ

まず東日本大震災です。わたしたちの身の回りには、じつは強大なカタストロフィに襲われなくても、二〇年、五〇年、一〇〇年風雨にさらせば、そのようになる。あるいは産業構造の転換がある日突然「お前はいらない」ということで打ち捨てていくという、社会の仕組みが生み出すさまざまなカタストロフィがあります。わたしは一、七〇〇ある町や村の大半が、二〇年、三〇年のゆるやかな時間を使って、この緩やかなカタストロフィを経験させてしまっているのではないかという危惧感をもっています。

だからそれを象徴するようなかたちで、最初に指摘したいのは、軍艦島*です。軍艦島は、大きな二〇〇〇年のわたしたちの営みのなかでは、瞬間芸のようにわずか二〇〇年ぐらいしか使われなかった、石炭を掘る島です。この島が、いまや世界遺産*の暫定リストに挙がっています。つまりわたしたちにとってはカタストロフィという見方も、遺産という見方もあるわけで、これはさっき岸先生が、天皇を見せなかった、あるいは天皇が町を見たかった、その視線の問題。近世から近代に変わっていくときに劇的に、天皇はみんなの視線にさらされる。あるいは人為的、演出的にさらすことによって、ひとつの近代国家を構築しようとするのが明治政府だった。じつはその遺産という概念も貴賤という問題をぬきにしては生まれないんだろうと思います。わたしはこのカタストロフィか遺産かというテーマを論じたく、いろいろな専門分野や自分の立場でやっています。

つぎに熊本アートポリスでできたあるポケットパークです。熊本アートポリスとは、熊本県がおこなっている事業であり、高名な建築家をコミッショナーにして県全体が国際的な建築展覧会あるいは博覧会のようなものになる仕組みです。その枠組みで建設された、菊池市のポケットパークつまり都市型小広場です。たいへんデザイン力に優れた若手建築家による作品です。しかしこのポケットパークは、私見では、この人口わずか五万人の町にとっては、じつはカタストロフィか遺産かというテーマを考えるのに、ものすごく重要なテキスト的な役割をしているものだと思っています。なぜならこれは熊本アートポリス事業の一環で、コミッショナーの伊東豊雄*さんが選んだ建築家が、ここに落下傘状態で登場し、菊池市民の方がたとほとんど対話できない、対立した関係のなかで、これがつくられた。だから菊池市では、いまもこの建物を使いこなせない。昨年の夏もここで事件がありました。この建物が夏の日射でたいへんな高熱になってしまって、子どもがなん人もやけどになってしまった。それからここは清流がとてもきれいな街なんですが、その水を活かそうということで、ポケットパークのなかに水空間をつくった。この水がなかなか清流にならない。ボウフラがわいてしまう水だめと化してしまうという問題がおき、市民とポケットパークが対立してしまっている悲しい事態をむかえている。このふたつをとらえながら、遺産でありカタストロフィであるものが対立しないのか、ひとつになっていくのか、そういうとても厄介な、禅問答みたいな話を昨年やりました。

3　学生たちに伝えた「矜持」の理念

大学院進学希望者たちを獲得するために、コース長という立場で、プレゼンテーションに使った言葉を、わたしたちの環境遺産デザインコースのパブリックな情報としてホームページなどに公表しています。しかしそのなかで、あえて主張しています。人の営みというのはすべて文脈のなかで息づいていくんだ。だからこの文脈に気づく力をいっしょになって醸成しようじゃないか、ということです。興味がある方はぜひ九州大学芸術工学府のホームページをご覧になってください。

わたしの大学院のコースには三つの講座があります。遺産理論、環境遺産マネジメント、それから環境デザインテクノロジー。これらの講座を巴状に相乗効果に重ね合わせながら大学院修士課程の環境遺産デザインコースを動かそうとしています。

学生たちに、建築だけれども自然、あるいは都市だけれども自然、自然だけれど建築、自然だけれど都市、そういったものの行ったり来たりのなかの、どこに君は立ちたい、そういう呼びかけのためのスライドを見せました。最初に見せたのが、ヘルシンキの有名な《テンペリアウキオ教会》（フィンランド福音ルター派教会）です。岩の教会堂としばしば呼ばれます（写真1）。一九三〇年代から計画されていましたが、途中で第二次世界大戦があり、結局はスオマライネン兄弟のふたりがうまくおたがいの技術とデザイン力を出してつくったもので、一九六九年にできました。たいへんすばらしい教会堂で、音響がいいものですから、コンサートホールとしても使われております。わたしもこの教会をなんども訪れましたが、たんに祈りの場としてではなくて、音楽を楽しむことができます。しかも岩の中にあるものですから、寒い真冬のヘルシンキにいてもこの中ではじゅうぶん楽しむことができる、たいへん不思議な空間です。それからもうひとつがアスプルンド*の有名なストックホルムの《森の墓地》。《森の火葬場》もあります。ちょうど昨年は、年末年始この近くにいたんですけど、そのときは葬式に立ちあってしまい、参列しました。

それから現在北海道大学教授である同僚の西山徳明先生が中心となられたおかげで、重要文化的景観地区として日本ではじめて指定された、大分県日田市の「小鹿田《おんだ》焼の里」。それから現在わたしが保存管理の委員会の委員長を務めております、荒尾市の「万田抗」も学生にとってはよい教材です。

万田抗はわずか五〇年だけ石炭を掘って、歴史のなかであっというまに消え去ったものを、国指定の史跡に、その構築物を国指定の重要文化財に指定したものです。わたしは委員長をやりながら、この議論がもどかしい。なぜなら石炭を掘るという行為は、地下の空間を捉えたときにはじめて成立するのに、わたしたちはこの上屋だけを議論しながら、石炭を掘っていた過去というのを評価しようとしているわけです。軍艦島も同じです。

4　文脈を甦らせ未来につなげてゆく

それにたいし、人の営みがつくりだした千枚田のようなものの評価の仕方も必要になります。海沿いの空間のすばらしさ、わたしたちはこういったものを素晴らしいと思ってみていますが、でも一九世紀まではラスキン*によれば、こういったものを評価する視線はなかったんだ、むしろラファエロ前派*ぐらいからようやくこういう風景をほめたり、評価したり、感動したりするような行為が成立したといわれますし、それを追体験したのが明治の日本人だったんだということを、徳富蘇峰*を媒介にして、わたしたちは知っていったのです。わたしたちがおります香山寿夫設計の九州芸術工科大学の建物もあと一〇年もすればじゅうぶん文化財になっていく建物です。

このような事例を先日学生たちにスライドで見せつつ、わたし自身の脳裏のなかでそれらを重ね合わせるなかで、なにを主張したいのかわたしのなかでも明快ではないんですが、こういういくつもの営み、具体的なもの、行為みたいなものが連ねられる過去にたいする興味関心を、現在、あるいは未来につなげていくためには、やはり文脈というものを見つけ出す必要があるのではないか。その文脈の再生や、文脈から派生するような矜持、紐帯そういったものを、うまいこと巴状態に持っていきながら、一、七〇〇もの

写真 1　テンペリアウキオ教会（岩の教会），ヘルシンキ

市町村がカタストロフィともいえる崩壊過程をいま経ているなかで、それらを甦らせたい、なんとか元気づけたい、そんなことをやっています。中途半端なプレゼンテーションなんですけど、こんなことを今日の難儀なテーマにたいしてはお話ししたいと思っていました。

＜キーワード＞

市民参加まちづくり　一九八〇年代までの国土の建設や都市計画は行政・地方公共団体が担ってきたが、そののち企業市民や市民社会が参加することでより重層的かつ相互補完的な国土や都市を生み出してきた。田村明による「まちづくり」が先導するかたちで行政と市民の協働がめばえ、まちづくり協議会などの組織から参加型話し合いや合意形成手法としてのワークショップの実施へ広がりをみせてきた。都市計画決定手続きのなかで公聴会の開催など住民の意見を反映させるための措置をかならず講じるべきこと、住民参加のまちづくり活動にかんする条例などの独自の制度を定めるなど、住民参加を促進するための環境整備が整ってきている。しかしいまだに主体性や合意形成をはぐくめない住民意識や人的資源、参加者の固定化、体制の不備といった課題も多く、自治体それぞれに創意工夫を重ねている。

地域再生　現在のわが国では地域分権化社会をめざしながらも、実質的には都市と地域社会の格差は広がるばかりである。経済面はもとより文化面も含めた両側面からの社会格差は著しく、市民参加まちづくりや市民と行政の協働をとおしながら地域社会の再生が急務となっている。

世界文化遺産　人類が生み出した包括的な文化所産をさす。一九七七年ユネスコ世界遺産条約締結。加盟国中二一委員会国が毎年の世界遺産会議で審議をおこない登録を決定していく。日本は遅れて一九九七年批准、そののち、一六のユネスコ世界文化遺産が登録されてきた。二〇一三年には「富士山」が登録、今後二〇一四年には「富岡製糸場と絹産業遺産群」、二〇一六年には「明治日本の産業革命遺産群～九州・山口などの近代化産業遺産群～」がユネスコ世界遺産会議で審議される。

文化資源　戦後昭和二五年に制定された文化財保護法が対象とした旧来の文化財概念をより広範に包括しながら、さらに身近な文化事象や文化営為の成果や行為を対象とした概念である。わが国では文化財の対象とはなってこなかったすべてのモノ・コト・ヒトを再評価するなか、近年オルタナティブな観点からユニークな文化資源の再発掘が進み、文化資源学の学術的体系化も進んでいる。

文化政策　旧来の文化財保護行政やもっぱら教育委員会主導による社会教育、生涯教育といった文化行政を超え、市民社会の創造的かつ自主的な文化営為や活動を促すための包括的な文化推進と普及にかんする政策をさす。

軍艦島　高島炭鉱の端島《はしま》坑が正式名称、軍艦島は大正末期より通称。長崎県長崎市にある、炭坑の島。一九世紀初頭には石炭の埋蔵が知られていたが、一八九〇年に三菱社が島全体を購入した。三菱はあらたな竪坑を掘り、採掘量を飛躍的にのばしつつ、埋立により島の面積を拡大して炭坑夫、従業員とその家族のための集合住宅、学校、公共施設などを建設して、ひとつの都市のように建設していった。建築史上、一九一六年というきわめて初期に鉄筋コンクリート造の集合住宅が建設されたことなどが特筆に値する。国のエネルギー政策転換により一九七四年に閉山、閉島された。建築家の阿久井喜孝（一九三〇～：建築家、東京電機大学名誉教授、軍艦島研究のパイオニア）はこれをサーベイ調査し、浩瀚なモノグラフを出版した。三菱マテリアルが所有していたが、二〇〇一年に当時の高島町に譲渡された。現在「明治日本の産業革命遺産群～九州・山口等の近代化産業遺産群～」の構成資産として二〇一六年世界文化遺産に登録するため運動がなされている。

伊東豊雄（いとう　とよお、一九四一～）　日本の建築家。プリツカー賞を受賞するなど世界的な建築家。《せんだいメディアテーク》（二〇〇〇）など。モダンアーキテクチュアを継承しながらも、教条主義的にならず、柔軟に時代や社会から求められるものに敏感でありつづけている。現在は、熊本県が建築や都市計画をとおして県の文化向上をめざしている事業である「くまもとアートポリス（ＫＡＰ）」のコミッショナーをもつとめている。

アスプルンド（Erik Gunnar Asplund, 1885-1940）　スウェーデンの建築家。二〇世紀前半の北欧を代表し、アルヴァ・アアルトやアルネ・ヤコブセンらに影響を与えた。北欧の文化的伝統を再興しようとするナショナル・ロマンティシズムの理念にあふれ、またイタリア旅行から古典主義にもふれ、当初はいわゆる北欧新古典主義の建築を設計していたが、《森の火葬場》や《森の墓地》（一九三五～四〇）では風土に溶けこんでゆくロマン主義的なものに回帰している。墓地全体は、一九九四年に世界文化遺産に登録された。

ラスキン（John Ruskin, 1819-1900）　イギリスのヴィクトリア時代を代表する評論家・美術評論家。ターナーやラファエロ前派と交友のあった芸術パトロンとしても知られ、建築にも深い理解を示し、その著作は近代建築運動のみならず建築保存の理論的支柱となった。『建築の七燈』（一八四九）は、建築の意味や価値が、倫理や記憶や真実性などによって判断されるべきという批評の根本理論を提供した。中世のゴシック美術を賛美した『ヴェネツィアの石』（一八五一）では、理想的社会から優れた建築が生まれるということを示し、一種の文明史観にまで高め、社会思想家や篤志家としても活躍した。

ラファエロ前派　ヴィクトリア時代のイギリスで一八四八年にロセッティ、ハント、ミレイら美術家・批評家などによりはじめられた芸術運動。そののちウィリアム・モリスらにも影響を与える。イタリア・ルネッサンスの古典主義の画家ラファエロ以前に戻るべきという主張であり、一九世紀のアカデミーが標榜した古典偏重の美術ではなく初期ルネサンスや中世の芸術が優れているという歴史観がみられる。一九世紀後半の西洋美術における印象派とあいならぶ象徴主義美術の先駆をなした。

徳富蘇峰（とくとみ　そほう、一八六三～一九五七）　明治、大正、昭和を生き抜いた日本のジャーナリスト、思想家、歴史家、評論家。政治家としても活躍、一八九〇年『國民新聞』創設。「平民主義」の提唱者。すなわち生産にたずさわる自由な社会と経済を基盤として、個人の自由と平等が尊重される社会の実現をめざした。こののち思想や実践において蘇峰の行動と言論は振幅と変化に富んだが、平民主義者、国民主義者、皇室中心主義者としてつねに歴史の舞台にありつづけた。一九一八年、五十五歳から著した『近世日本国民史』は織田信長以降西南戦争までを記述し全百巻の膨大な史論となった。大正以降もジャーナリスト・評論家としての勢いは衰えず、帝国学士院会員、帝国芸術院会員、さらには一九四三年に文化勲章授章、戦前期における日本最大のオピニオンリーダーの役割を果たした。

＜キーブック＞

阿久井喜孝他『軍艦島実測調査資料集　追補版――大正・昭和初期の近代建築群の実証的研究』（東京電機大学出版局、二〇〇五）　端島閉山の一九七四年から一〇年かけた実測調査と聞き取り調査にもとづく重厚な成果。おりしも歴史的まちなみを対象としたデザイン・サーベイの流行期ともかなさり、空き家となった住居プランまで詳細に描き込んだ連続平面図などが印象的である。近年、一九七六年五月『都市住宅』を復刻した『［復刻］実測・軍艦島：高密度居住空間の構成』が阿久井および滋賀秀實、松葉一清による共著で出版された。

ヴィクター・パパネック『生きのびるためのデザイン』（晶文社、一九七四）　著者はデザイナー、デザイン教育者、デザイン評論家。当時の工業化デザインへの辛辣な批判と第三世界へ向けたオルタナティブ・デザインを先駆的に説いた。独自のヴィジョンから自動車や鉄道、印刷メディアなどの衰退や消滅を予測し、プロダクトの変容や画期的なインターネットやエコ・デザインの出現を予言した。ポスト工業化社会におけるデザインの役割や機能の劇的な変化が示されており、日本では一九七四年に翻訳出版されていらい、デザインと社会の関係を位置づけなおす現場やデザイン教育の啓蒙書として大きな影響を与えてきた。続編に『地球のためのデザイン』。

平田オリザ『新しい広場をつくる——市民芸術概論綱要』（岩波書店、二〇一三）　被災地が復興し、疲弊する地方が自立するためになにが必要なのか。経済のみならず文化の面からも著しい地域間格差に喘ぐ地方が固有資源を再発掘しながら文化の自己決定能力を育めば、社会に重層性と活力を生み出すことができる、そのための拠点づくりを芸術文化が果たす「新しい広場」としての役割から導こうという文化論的エッセイ。

ダイアローグ4

1　宗教、貴人についてのコメント

土居　パネラーのみなさま、ありがとうございました。最初に福島先生の発表へのコメントです。ぼくも西洋建築を専門とするので、興味があるので蛇足させていただくと、「一般信徒の参画」というのはほんとうに重要な視点です。第二次バチカン公会議*が一九六二年から始められましたが、去年（二〇一二）はその五〇周年でした。そこでパリ出張のついでに宗教専門書店に行くと、この公会議関連の本が平積みになっていました。この会議はそれまで保守的だったカトリック教会を近代化しようとする大きな変革となりました。その論点のなかに一般信徒をどう参画させるかがくわしく論じられました。一般信徒というのはキリスト教徒なんですが、じつはその概念は拡大可能で、カトリックではない一般市民も含むことができます。とくにフランスでは「ライシテ(laïcité)」という概念があり、なんらかの宗教を信じていても、一般の公共の場では無宗教のようにふるまう、という共和国の大原則があります。そういうフランスの態度もあるが、バチカンの「一般信徒」はそれも含みます。そういうバチカンとフランスの力関係がみえておもしろい。一般信徒の参画は、日本の地方の問題だけじゃなくて、こういうグローバルなとても多くの問題と連動しているんです。それから愚見ですが、文化財の根本問題は、その所有が国、自治体か宗教法人かという点です。というのはフランス革命のときに、国がカトリックの土地や建物をすべて国有化した、つまり収奪したことが、文化財政策の原点になっているからです。たとえば「遺産」というのは、親から子へと所有権が移動するというのが日常的な意味ですが、この所有者が変わるという語源的な意味を、ある世代からつぎの世代へと広げる、さらに広げて教会組織から世俗国家へとする、などと考えると含蓄があります。それは文化財はだれのものか、宗教はだれのものかという問いに収れんします。ただこの例にあるように、そんなに一方から他方に収奪するのではなくて、共生するなかに、絆のような可能性があると思っています。というわけで、たいへん興味深いお話をありがとうございました。

つぎに岸先生の発表についてのコメントです。古文書などをくわしく調べられたうえでの専門家ならではの深いお話で、たいへん興味深く聞いておりました。私なりの興味でいいますと――幕府があるので、天皇は権力者ではなく権威者なんですが――天皇という世界的にも特殊な存在と都市の関係はたいへんおもしろい。比較論ですが、西洋の都市史研究の文脈でも、国王の入市式にかんすることなども最近専門家たちが研究しています。国王なり、日本の天皇なり、それが都市の中で移動することで、なにかを起こしていくというようなことが、近世では共通してあるように思います。おもしろいので西洋について述べますと、国王は戴冠して国王に即位すると、いろいろな都市を訪問します。これにはふたつの意味がありまして、まず都市を征服するということ、もうひとつは町民に紛れることです。いろんな儀式のなかでわざと民衆の姿をして、民衆のなかに紛れ込んで接触する。身体を接触する。これは天皇とはまったく違う。そこではわざと道化のように振る舞って、儀式的にそういう役の人に小突かれたりします。同時に、いろんな儀式ではとうぜん天皇が町を見たいというのと同じように、国王は都市を、市民も国王を、見ます。それが祝祭になる。それは国王への忠誠心を高めるだけでなく、祝祭によって都市全体のまとまり、心情的な気持ちのうえでのまとまり、をつくっていくという不思議な作用があります。そういう意味で京都との比較はおもしろいです。西洋都市には、ふつう国王はいません。制度的に国王と都市は別の法人格だからです。ロンドンのウェストミンスターとザ・シティ、フランスのベルサイユとパリです。パリのなかに宮殿があるときもありますけど。京都の例でいうと、天皇は権力がなく、権力者でなく権威ですので、日本独自のものでしょうけれど、天皇は町を見たいという個人的な気まぐれではなくて、制度的な背景があると想像しますし、京都のように秀吉によって近世都市、城下町になったにもかかわらず、でも古代的な王朝都市という感じを残している。それが西洋の都市と違います。西洋の都市は、ようするに完璧に町人の町で、国王は別ですから、国王が外から来て征服するという感じです。京都は特殊で天皇は権威であるし、町の中心にいて姿を見せない、というのがずいぶん違う。そのへんは感想で結構ですので、岸先生、理解のためのアドバイスをお願いします。

岸　最初の指摘ですけど、天皇が見たいと言ったのは、やはり献金をもらっていたことと強い関係があると思ってます。この時期、幕府も朝廷も経済的にとても疲弊していきますから、町人からの献金がなければ、つぎに内裏が焼けたときに、おそらく自分たちの住むところが建てられないかもしれないという危惧があったのでしょう。そのためには人気集めもしなければならない。しかも近世の天皇のなかには町にとても興味を持っていたものもいました。その一例が、御所（前）での祭礼見物です。しかも風流《ふりゅう》と呼ばれる、いろいろな仮装をして踊るようなものも見物しています。自分は出ていけないので、風流を招き入れたと言ってもいいかもしれません。だから土居先生が言われるように、これらの町とのつながりも重視するという禁裏の動きの集大成としてやっと実現したのが、幕末のこの時期（安政年間）の遷幸という儀礼なんだと思います。

あと京都の特殊性ですが、日本の場合、城下町であれば藩主がかならず真ん中にいて、その姿を積極的にアピールします。そこがやはり天皇の場合と大きく違っています。そして答えにはなりませんけど、姿を見せる見せないには、天皇の神聖性が関係していると思っていますが、けれどそれより京都の場合はやはり都市の中に古代から権力者が存在しつづけていたことがとても重要なんだと思います。

土居　ぼくの関心のなかでは猪瀬直樹『ミカドの肖像』までつながるとしても今日は控えますが、おもしろいお話をありがとうございました。

2　北欧建築における引き算のデザイン

土居　さて藤原先生のレクチュアです。ぼくはヘルシンキに一回しか行ったことがないんですが、この都市はこういう質の岩盤の上にできたもののようです。岩は景観の一部です。だから岩の教会も、石を積んだ部分もあるけれど、敷地のなかの既存の岩をかなり活用している。

藤原　ちょっと硬めの岩です。じつはこれは内部も壁面もちゃんとつくって仕上げる予定だったんですけれど、工事の現場を見た宗教関係者の方がたが「ここでストップしてくれ」といったらしいです。こっちのほうがずっと神々しいから、ということで。

土居　ぼくはそこに行くまえは、宗教関係者かセンスのある建築家がすごい演出で設計したんだと思ってたんですよ。ところがこれはヘルシンキの都市そのものですね。典型的な風土をそのまま空間にした教会で「ああ、なるほど」と思いました。日本で写真を見るだけではわからなかった風土性がここにあって、おもしろかったです。それからこういうすばらしい造形を生み出したのは、信心からなのか、それとは別の芸術的想像力なのか、つまり宗教と芸術の関係という、近代社会の別の視点も提供してくれそうです。それから教会の人のご判断のなかには、宗教意識と芸術意識がふたつともあって、しかしそれらの区別は基本的にはないのかな、とも想像します。人間って一〇〇パーセント宗教人になるわけでもないし、宗教人が建築家になって設計することもある。いわゆる宗教芸術のありかたも、課題です。

藤原　今日たまたまここに集わせていただいたわたしたちが、いますぐ建築とか環境に働きかけて、さらにそれを人為的に働きかけることで、よりよいものにしていこうと意図していると思うんです。じつは、そのなにかにあらたに働きかけるというのは、わたしたちにとってはアーティフィシャルな働きかけ、なにかを加えたり、なにかの価値を増加、増大させるということだったように思うんですが、強大なカタストロフィーのことを思い起こすと、昨年の東日本大震災だって、明治のころに大きな津波や震災をあそこは経験しています。それから貞観大震災もありました。そうやってつねにわたしたちが積み上げたものが、バベルの塔のように崩されるのがわかっているのに、積み上げることしかできない。それともあるところでは、もしかしたら引き算をしていく、あるところでは見つめるんでなくて、見ないようにする。見えなくするというさっきのお話にはたいへん強い興味がありましたけれど、そういう視線を徹底して広げていく、あるいは視線を世界全体に回していくんじゃなくて、ぎゃくにそれを閉じていく。閉じていくという言い方は自閉的で閉塞的でおかしいかもしれませんけれど、最終的に自分がどこでどういう暮らしをするか、どんな営みがふさわしいのか、適切なのかを発見するというのも、大きなデザイン行為なのかな、と思うんですが、すくなくとも、それがいまテーマや課題になっていないだろうと思うんです。それに気づいた人の営みが、これであったり、アスプルンドの《森の墓地》だったりする気がするんです。

土居　たいへん重要で根本的なテーマだと思います。アスプルンドの場合はどのへんをどのように解釈されますか。右側に十字架、左側に建物という写真が有名です。昔の写真には小さい木がなかったような気がしますが。

藤原　そうです。アプローチをまっすぐ歩いていきますと、左手に火葬場とそれに直結した最後のお別れをする葬儀の場がございまして、右手はなだらかな小山が作ってあるんですけど、じつはこの小山も人為的にちゃんと造成してつくったと聞いて、わたしは意外な気がしました。つまりぎゃくにアスプルンドというのは、引き算をしようという呼びかけを、足し算のデザインによりつくってみせている。そんなところがあったと思うんです。ここも世界遺産になっておりまして、五〇年寝かせれば、アスプルンドの名前を借りなくても、じゅうぶん多くの人が来て、追慕の念を高めることができる空間になっている気がしました。

土居　北欧は本当に建築の価値が高いところで、フィンランドにはかつて近代建築の巨匠アルヴァ・アアルトがおり、その建築はすばらしい。彼は花瓶や家具を製作し、世界中にどんどん売られ、フィンランドに富をもたらしている。

3　文化財はなにを見せるのか

土居　それはさておき、ぼくは軍艦島は一回しかいったことがなく、そのときも関係者にはとても警戒されました。一九八七年にパリのポンピドゥー・センターで「日本のアヴァンギャルド」展が開催され、三宅理一さんがキュレーターだったのですが、軍艦島の模型が展示されました。日本で作られた異様な建造物がアヴァンギャルドとして展示された。ただ全体としては日本のアヴァンギャルドをどう解釈していいのか、指標が示されていない、というすこし厳しい評価でした。どうも西洋人からみると、炭鉱＝悲惨な労働といわれても、近代という時代にはよくある図式ではないか、そういう反応らしいですね。それについて、視線の問題というか、なにをどう見せるのかというのは、委員会などではどういうことが議論されているんでしょうか。

藤原　世界遺産としてほめられるよ、という議論の中心核にあるのは、やはり近代産業が生み出した島だった、人為の到達点みたいなものを評価しようというのがひとつなんですが、やはり風化というのがとても大きなポイントになってまして、それを魅力としてとらえるという先生もいれば、ぎゃくにこの風化をなんとかして技術的に止めなくてはいけない、あるいは復元してでもかつての石炭を掘っていたという物語を大切にしたいという、そんな議論もあります。ただいっぽうで、この軍艦島研究に最もながく貢献してきた阿久井喜孝先生は、じつはこれが産業遺産だと評価されていることに憤慨されており、ここはあくまで人間がつくった都市である、都市として評価してほしい、ということで、現在の世界遺産の議論から軍艦島だけをはずしてでも、自分ひとりでもこの軍艦島をまったく別の文脈で世界遺産にしてみせる、と豪語されてもいます。

土居　そうですね。委員会での議論は知りませんが、ぼく自身はもっと西洋の類例と比較すべきと思います。炭鉱や労働者街は普遍的な現象です。だからとてもストレートに比較できるし、そのなかで特殊性、類似性、普遍性というものがあるような気がします。そのあたりがちょっとどうかなと思ったりします。

さて、いろんな観点がみつかればいいと思います。国王や天皇が見る、あるいは見られるという視線もありますし、まさに文化財とか遺産というのは、ものの見方を指定していくことでもあります。さっきラスキンのことがいわれました。一種の景観論ですけれど、景観というのもとても近代的な概念です。よくいわれるのは、かつての農民というのは自然のなかにいながら、べつに花鳥風月とか景観とかを見てはいない、つくって取って食べるだけだということです。景観を発見したのはむしろ貴族であり、近代的な市民であり、都市にいる人びとです。そして都市的な見方で、田園を訪れ「ああ、ここはすばらしい」という。その景観のなかでは、農民というのは景観要素のひとつである。そういう見方がおそらく西洋の庭園ですね。庭園というのはイギリスなんかでもそうですけど、大土地所有者がいて、自分の領地に村があって、農民が住んでいる。そういうのを見て、景観をいつくしむわけですね。あるいは日本でいえば、大名庭園のなかにも村もどきがあって、一種の小さな領地の縮図みたいなところがある。自然というのはそういうふうに構築されたものなんですね。

だとすれば、文化財というのは、見る人間の視線を整えていく、あるいは一定の方向に導くものではないかと思います。そこで専門家であるお三方に、それぞれ自由な意見をうかがいたいのですが、文化財というのはどういうふうに市民をして、過去のものを見させようとするのか、という根源的な問題です。ヴィクトル・ユゴーの『ノートルダム・ド・パリ』(一八三〇)で、大聖堂はフランス国民の財産であるというのが共通の記憶であることが指摘されます。それはすごく新しい考え方です。なぜなら教会堂というのは、もともとは宗教法人の所有物です。カトリック教団のものです。ところが革命などがあって、教会や宗教法人のものではなく国民共通の財産であるとみなすというような視線や意見が出される。ラスキンの風景論もたぶんおそらく同じような近代的な見方です。その延長線上に文化財はあります。この視線の問題についてはいかがでしょうか。

藤原　福島先生に先ほどのお話の続きを。あれはすごく重要なお話だったと思うんですね。

福島　ありがとうございます。わたしも一聴衆として聞いていたんですけど、数年前から思っていたことを、今日藤原先生が「カタストロフィ」という言葉でとてもうまく表現していただいたな、という気がしたんです。視線とはじつは似たような話なのかなと思ったんですが、よかれと思ってやったいろんなこと、たとえばあるものを文化財として扱いましょう、あるものを保存しましょう、震災復興なんかはそうかもしれないですが、良かれと思ってやったことが、カタストロフィになってしまう。そういうことを文化財の分野でも感じておりまして、たとえば良かれと思って世界遺産にしましょう、ということは国内だけに限りませんが、それはまさに藤原先生の言葉を借りればカタストロフィである場合がとても多いな、と。わたしは文化財をやっているといいながら、あえて計画はもうやめようと思いました。カタストロフィになってしまうさまざまな原因があると思うんですけど、そこで本当に研究者がやるべきだけれどやっていなかったことがひとつの要因だなと思いまして、それはとても強力な歴史のスタディであったり、ものの価値の評価であったりすると思ったんですね。わたしがさきほどお話しした教会堂にしても、デザイン、意匠だとか構造だとか歴史というのは、さんざんいろいろな人が評価しているんです。しかし、営繕が素晴らしいから世界遺産にしようなんてことは、かつてはなかったし、いまもないんですが、その結果、世界各地でまさにカタストロフィを引き起こしていると思っているんです。ひとつは研究者がやるべきことをやっていないはずだと思ったので、保存の計画はやらずに、スタディをやっていこうという決意をしたわけです。さっきお話を聞いていて、研究者のひとつの仕事って、視線やものの見方を提示することだと思うんですけど、カタストロフィを負の遺産として提示することもあるんだろうな、と思いました。あまりまとまっていませんが、そんなようなことを考えておりました。

土居　研究者の怠慢とされると、つらく、反省しなければなりません。ものの見方ですけど、日本の文化財の法律には建築的価値という言葉がないんですね。フランスの遺産法典は幅が広く、都市計画、埋蔵文化財法、メディア関係、知財も入っている。人間がなしたことはとりあえずすべて遺産になりうるという普遍的な発想です。文化財の項目には歴史的価値とともに「建築的価値」という発想があるようです。日本の場合は、建築というのは最初は神社仏閣を保存しようというとき、仏像とか仏画とかが主目的で、それを収めた建物はついでという感じだった。だから建築は、建築的価値ではなくて、いちど芸術的価値や歴史的価値を経由して認められるにすぎない。建築的価値とストレートにいえない。まさにそれはわたしたち研究者がやってたことかもしれませんが、文化財はわたしたちになにを見せるべきでしょうか。という根本的な問いがかけられたとしたら、どのように答えればよいでしょうか。

岸　わたしも文化財保存の仕事に携わっているので、すこしだけお話をします。わたしは文化財というのは、保存した時代の視点を見せるためにもあるんだと思っています。

建築的価値という話をされましたが、日本の歴史的建造物の保存では建築的価値を測る基準のひとつは、当初部材の残り具合です。日本の建築というのは木造で、ずっと改変を続けていくなかで維持するというのは当然のことなんですが、当初の部材がどれだけ残っているのかというのが判断基準になっています。ですので、わたしたちが調査に行って、当初部材がどれだけ残っているか、そのあと改変がなん回くわえられたのかを判断して、そのあと文化庁などが指定にするのかどうするのかを判断します。あまり改変が多い建物は、日本では文化財に指定されないという現状があります。

そして文化財になると修理していくわけですが、ここでは、もとの姿に戻すというのが日本では原則です。もとに戻すには変遷の歴史であるとか、当時の状態の価値などを所有者や門徒に説明して、納得していただく必要があります。これが日本における文化財修理の現状です。

そうするとやはり、わたしたち研究者は文化財保存をとおして、技師や大工の人たちといっしょに仕事しながら自分たちの歴史観や建築観を伝えていることになる。それが良いのか悪いのか。良い面もあるのですが、なかなか難しいところで、わたしもとても苦慮しながら毎回携わっています。

土居　悩ましい問題ですね。文化財は結局わたしたちにどのような目で過去を見せようとしているかは、どうも正解はないような気はするし、ぼくのような研究オンリーの人間と、行政の人とはまた違います。たとえば西洋の新古典主義建築におけるポリクロミー（多彩色）論争*のように、オリジナルとは事実性の問題であるときと理念のそれであるときがあります。そういうことで文化財として認められた物件をめぐっても、専門家ごとでさえ視線はバラバラです。そのなかで絆というのは本当にできるんだろうか、雑駁な話、文化財はどういう現状なんでしょうか？

４　文化財制度のあゆみとこれから

藤原　さきほど、とてもわかりやすい例を岸先生がお示しくださったので、もういちど振り返りますと、明治三〇年代はじめに古社寺保存法という日本の文化財概念のおおもとになった考え方が法律化されました。それが戦後昭和二五、六年くらいに文化財保護法というものに生まれ変わっていくんですが、やはりこの文化財保護法の基本は古社寺でした。それがようやく昭和五〇年になって、つぎに町並み保存というのに広がっていった。これが故宮本雅明（一九五〇―二〇一〇、日本の建築史・都市史学者）先生、あるいは西山徳明先生がもっとも活躍されたフィールドになります。それを追いかけるかたちで、つぎに近代化産業遺産みたいなものが近代化遺産ということで評価されるようになったり、あるいは明治、大正、昭和の建築が近代建築ということで評価されたりするようになっていく。さらにはもうひとつ大きな最近の変化でいえば、文化的景観という考え方が文化財とまったく同格で評価されるようになった。これは大きなものの見方でいうと、古社寺という象徴的な、あるいは祈りの場であったお寺や神社の評価が、どんどん主役が入れ替わっていって、人の営みとか暮らしとかつくられた町並みとか、つくるための近代化に貢献した工場とか空間とか施設、あるいはその結果できあがった景観とかが、どんどん評価の対象になっていった。だから、主役の入れ替わりみたいなことがありました。こうした入れ替わりを、わたしは茫漠と見つめるんじゃなくて、古社寺を見つめていた目線が、隣人を見つめる目線に変わっていったんだと考えればいいんだと思います。隣人というか、自分自身も含めて、わたしたち自身が文化財の対象になっていくみたいなことだったと思うんです。

それで有形にたいして無形というものが捉えられるようになってきました。踊ったり歌ったり、年中行事のなかで当たり前のようにお爺ちゃんお婆ちゃんたちがやっていたようなことが、ある日突然、文化財に指定されるような時代になってきています。不思議といえば不思議です。わたしたち人間が一途に近代化することではなくて、近代化というのが自分で自分を知ったあげく――土居先生は美学の問題ではないかとおっしゃったんですが――美学のもうひとつ行き着いたさきに、西洋人が非西洋人を「発見」したり、近代人が前近代へ大きな憧れをもっていったりするような、揺り戻しもある。わたしたちは人間の営みとしてそれを生み出してきた。じつは絆という考え方も、本来は当たり前だったものを、いちど解き放されてしまったものだから、もう一回あえて「絆」というキーワードで議論せざるをえなくなっているのが、今のわたしたちではないのかなと思うんです。いかがでしょうか。

土居　ぼくの予言では、いま大転換期を迎えているので、世界史も、経済も、はては建築史学の動向も二〇年ごとにおおきく変わります。それはさておき、最初の福島先生とか岸先生のお話に戻るとすると、おそらく岸先生の話は都市における消費ですね。都市というのは消費の場ですから、そこで天皇が仮の所から内裏に戻るときに、ぐるっと大回りするというのは、火元責任者の責任感もあるかもしれませんが、構造的には都市は消費の空間であるということと大きな関連があるし、福島先生の話はやはり文化財はだれが所有するのかという、所有の話ですね。ふたつの大きな観点で、この文化財というのはわたしたちのものだ、だから文化財を介して、人びとには絆がある、という大きな構図が描けるんじゃないかと思います。これはまた雑駁な話ですが、岸先生や福島先生は、文化財あるいは教会堂はだれが所有するのかということにかんして、どのような興味をお持ちでしょうか。

5　宗教的なものの意味

岸　わたしが文化財のお仕事で関わるのは、町並みと寺院や神社です。日本では、寺院と神社は、さきほどの教会堂のように、あまり自分たちで普請したりはしないんですね。お金はもちろん出すし、協力はするけれども、それを自分たちでするというのはあまりない。やはり、日本人の信仰のあり方が建築の維持や文化財のあり方にも大きく影響しているんじゃないかと思います。それといっぽうで民家も調査しているわけですが、民家がキリスト教会にちかいなと思ったのは、自分たちの山から自分で木を切ってきて家を建てるというのは、明治期ぐらいまでの日本では当たり前だったんです。自分たちの村で自分たちのものは調達する。茅葺きにしても、いまは職人がおられませんので地方から来ていただきますけれど、基本的には近所の人で一家ずつ、もしくは今年の冬はあの人の家の北面、次は西面、東面ということで一面ずつ葺いていく地方もあります。村のなかで回していって、村全体を維持していく。このやり方が、日本ではずっと続いていたのです。ただし現在の日本では本当に少なくなりました。教会堂のようなやり方が今後もつづくと地域社会にどういう変化がみられるのか、ということは少し考えました。

土居　ぼく自身の興味でいうと、宗教空間というのは都市でどういう役割を果たしているのか。というのは、第1部と第2部の議論で、絆ってあまり人と人が水平の関係だけで成り立つものでもなくて、共通の基盤みたいなもの——上にあるか下にあるかは知りませんが——が必要なんじゃないかな、と感じています。最後に、ぼくもヨーロッパの教会建築をすこし勉強していますが、カトリックが近代化してとてもオープンになっているいっぽうで、都市の非宗教化も進んでいます。しかも信者が減っている。それから聖職者も高齢化して、あと一〇年もすると何分の一かにまで減るという危機的な状況だそうです。しかしぎゃくに、都市が発展すると郊外ができ、新しい市街地ができると、それを追いかけて教会も布教しなくてはいけない。そういったなかでカトリックがどうするかというと、一般信徒だけではなくて、カトリックに反対しなければそこの住民に教会の仕事を、エージェンシーみたいにやってもらう。俗人にとっては、教会はたんに市民ホールであったり、人びとが勝手に来て休む場であったり、非宗教的な使い方をしている。それからローマでは、教会堂の一部がほとんど市民が自由に来れるサロンみたいになっていて、そこで本を読んだりお茶を飲んだり、楽しむ。だから宗教空間もある意味で、非宗教化することで、つまり一般の人を引き入れることで、ぎゃくに生き延びようとしている。とてもおもしろい現象があります。

日本の都市を考えるときに、寺院が町並みとそれほど有機的な関係がなくてもよかったというのは、やはり宗教法人としての法人格がとてもしっかりしていたんだろうと思います。もちろんヨーロッパでもカトリックはそうだったんですが、それが崩れていったときに、門戸を開くことがとても必要になる。おそらくその時がゆるやかなカタストロフィかもしれませんが、さきほどいったように、カトリックは部分的にはカタストロフィなんですね。そのときにとても大胆に門戸を開く。そのことが昔とは違う、つまりキリスト教社会ではない、ちょっとキリスト教的なヨーロッパの郊外の都市のなかで、ちゃんと絆として成り立つという気がします。福島先生はこうした事情にお詳しいのでないかと思うんですが。香港ではどんな感じですか。

福島　香港はなかなか説明が難しいんですが。今日はまったく時間がなくて説明しませんでしたが、お話ししたかったこともたくさんあります。それらは残念ながらカタストロフィともいえる事例ばかりです。たとえば長崎市にある大浦天主堂（現存する日本最古のカトリック教会堂）です。国宝というのは重要文化財の一部です。さらに価値が高い重要文化財を国宝というんですけど、大浦天主堂は宗教法人が所有しているのに、観光客がいっぱい来るから、教会堂として使うことをやめて、有料の観光施設にしていまして、真むかいに大浦教会という別の教会を造って、宗教活動はこちらでやることになってるんですね。土居先生のお話とはあまり関連がないんですが、こういうような事例もふくめて、無理やり元に戻しましょうということではなくて、カタストロフィとかディザスターもふくめて、これも歴史になるんだなと思うんですね。今日も明日になれば歴史になるので、これはこれでその時どきの判断をいろいろな意味で残したり、残っていくことなんだろう、と思ったりしています。

土居　文化財なり歴史なりが、わたしたちのなかの歴史的な継続性を保証して、人びとを結びつけるというのは漠然とは理解できるんですが、じつは現在、たいへん揺れ動いています。たとえば文化財の考え方の根本には、宗教性が多少あるんですね。ヨーロッパでも最初の文化財は教会でしたから、教会堂をどのように扱うか。それが宗教と社会の関係のなかで揺れ動くし、文化財の考え方もどんどん変わっていきますので、専門家はやるべきことをやってないんだけど、なにをやるべきかはじつはよくわからない。確信に満ちている人もいるけど、迷っている人もいるというのが、ぼくの理解です。結論はおそらく出ないだろうと思いますけど、いくつかの重要な視点は提供していただけたと思います。

＜キーワード＞

第二バチカン公会議　ローマ教皇ヨハネ二三世のもとで一九六二年から一九六五年までなされたカトリックの公会議。一八六九年の第一回公会議が、近代化した世界をほぼ全否定するものであったのにたいして、第二回公会議は意見の対立はありながらも教えの現代化が進展した。教会堂建築においては、信徒がより儀式と一体化できるよう、より開放的な空間が是とされた。

ポリクロミー論争　一九世紀初期、フランスでなされた建築論争。古代ギリシャの神殿などの建築は、多彩色（ポリクロミー）されていたかどうかにかんして、意見が対立した。新たな考古学調査により、遺構から彩色の断片が発見されたことから自由な考え方をいだいたイトルフら、若い世代の建築家たちはあでやかに彩色された神殿を描いた。これにたいし一八世紀後期以降のいわゆる新古典主義の建築観をいだく古い世代は、石材はむき出しで使われていたという考え方を捨てなかった。

おわりに

本書は、編者の土居義岳教授が企画し、二〇一二年一〇月から二〇一三年一月にかけて四回にわたって福岡市博多区の冷泉荘で開催された公開講座（九州大学大学院芸術工学研究院環境デザイン部門・環境設計学科）の記録である。この講座の幹事役として、全体を振り返り、あとがきとしたい。

九州大学大学院芸術工学研究院環境デザイン部門に集まるスタッフの領域はきわめて幅広く、各人がそれぞれのテーマを追いかけているように見えていたが、今回、『絆の環境設計』をめぐって提供された話を聞いているうちに、絆が、それぞれの環境設計のなんらかコアな部分に触れるものであったことに気づいた。

絆は、もとは馬をつなぎ止める紐のことらしい（第1部　谷、第2部　古賀）。馬は、紐でくくっておけばよいが、人をつなぎ止めるには、心のなかの紐＝絆が必要である。絆という言葉は、つきあいとは違って、一定の相互行為を倫理的に伴うというニュアンスがある。絆の英訳のbondは、政治哲学の著作では、紐帯と訳されることが多い。つまりそれがなければ社会は瓦解するかもしれない状況となる。東日本大震災で地域社会が根こそぎ流されたとき、それまであまり使われなかった絆が前面に現れたのは偶然ではない。

人類の歴史においては、およそ神学も哲学も、あるいは現実の教会も政治も、人の心をつなぎとめひとつの社会に集成していく営為であったように思う。芸術もしばしばその役割を担った。古代ギリシャのポリス（都市国家）の危機にさいして、プラトンが、強力な共同体に加えて、偉大なカリスマ（哲人政治）と芸術（音楽）で臨もうとしたのは、人の全面的献身を要求するポリス的な絆の表現であった。人は社会的動物だというアリストテレスの言葉は有名だ。人は社会の絆やつながりなしには生きられない。しかし人の至高の善と美がポリス＝社会のそれの一致するという彼の「自然（当たり前）」がわれわれの当たり前でないように、絆のありようは社会のそれとともに変わる。

近代社会は束縛（絆）からの自由が基本である。絆ではなく、資本主義システムが社会を支える。バニヤンの『天路歴程』のように、自らの救いを求めて、家族をも捨ててゆく者が登場し、社会は救われた人びとと救われなかった人びとに千路に分裂する。

絆の社会主義的再建をめざしたパリ・コミューンの流血ののちに、サクレ＝クール聖堂が建つ話は興味深い（第2部 土居）。当時カトリック聖堂の建設で意見が割れたという。宗教はもはやみなの絆ではない。しかしコミューンのメンバーが殺された場所のモニュメントとして、あるいは第一次世界大戦時には、ビスマルクと戦った記憶のモニュメントとして、聖堂は広く受け入れられていく。ひとつはみずから選んだ価値（絆）に命を捧げた魂の鎮魂、もうひとつはナショナリズムであり、近代の絆のありようを示しているようにも思える。

幕末に、慣例を破って天皇が大火後の復興の遷幸時に京都市中をパレードしたのも、町人たちの力の高まりを背景にした、新しい時代の絆の模索なのかもしれない（第4部 岸）。

ナショナリズムを近代の新しい絆として持ち上げたヴァーグナーの壮大な音楽装置は、神に代わって、絆なき時代の民衆に「想像上の絆」をつくり出そうと試みる、ある種の絆の設計である。それが絆の実体化を目ざしたナチスと結びついたとき、悲惨な帰結が待っていた（第2部 山内）。

愛国心や人類愛という壮大な絆にもとづいた美しい社会のデザインの抑圧性をスミスは批判してやまなかった。人びとの他者への想像力と共感にもとづく日常のおつきあいと行動の積み重なりのなかに、社会が依拠する絆や神のデザインが立ち現れるとして、為政者に人びとの営みへ寄り添うことをスミスは求めた（第3部　近藤）。

建物が、文化財となるか、カタストロフィーとなるかを決するのは、人びとの営みに根ざしているかどうかであり、価値あるものは、現存物としての建物だけではなく、そこで営まれてきた人びとの生活であると藤原が述べるとき（第4部　藤原）、建物のデザインの側からスミスの命題の核心に触れている。長崎のキリスト教会の保存問題も、同じ問題の周辺にある。長年にわたる教会建物の営繕行為のプロセスにおいて、人びとは信仰の一体感にくわえて、コミュニティの一体感を得る。国家による重要文化財として保存が、この行為のプロセスを阻害すると、自主的な営繕に困難が生じる危惧がある（第4部　福島）。

環境設計は、絆を設計することではできないが、絆の環境を設計することはできる。人びとが紡ぐ小さな絆に寄り添い、器としての環境を設計することである。しかし現代は、小さな絆を結ぶことさえなかなか難しい。藤原が指摘するようにながい時間をかけて積み重ねられてきた地方の生活文化とその空間の衰退も深刻だ。だからこそ環境設計の可能性がある。

もちろん絆には抑圧や依存に陥る危険が伴う。ひとり立つ不安に負けずに壁をつくりつつ、つながりをつくれる精神性が必要だと古賀は言う（第2部　古賀）。しかし絆もつながりも難しい時代の不安は、抑圧をいとわず絆の幻想を求めて不気味な口をあけている。健全な社会を支える小さな絆やつながりの可能性はどこにあるのか。

絆が衰退した地域での公共建築のワークショップのプロセスには、さまざまな困難が噴出する。建築家は、人びとの関係を読み取り、ときに反転させながら相互理解を育み、あるいは人びとの実践知や生活知を引き出しながら、ひとつのデザインへと人びとを導く（第1部　田上）。バングラデシュの農村のなかで、ヒ素から健康を守る共同井戸を維持管理する絆を求めて谷もまた苦労する。谷は、村の人びとの生活のなかに入って、どんな絆があるか、じっくりと観察する（第1部　谷）。日本の農村のまちおこしの期待を担ったバイオマス・プロジェクトの成否を分けたのは、地域の人びとの参加意欲と連携＝絆だと近藤は考える（第3部　近藤）。朝廣は、震災や土石流などの災害の復興において、ボランティアやほかの地域の被災民ら「他者との関係性の再建」に新しい絆の可能性を求める（第3部　朝廣）。

こうした人びとの営みにこだわり続ける絆の環境設計の試みにおいて、デザイン＝カタチが持つ可能性を示すのが鵜飼である。独創的な建築作品をうみだす鵜飼は、人をつなげ結びつけていくのが建築設計であり環境設計だと言い切る（第1部　鵜飼）。彼は、建築は一人ひとりに最終的には還元される表現であるとして、想像力の限りをつかって、自己とは違う存在に思いをはせる。この他者への想像力が芸術家のなかで創造力にどう飛翔するかはわたしにはわからないにしても、彼の作品である「だんだんボックス」は、障害者の息子を持つ八三歳の母親にはじめて「産んでよかった」という息子との絆の実感を可能にした。ここには、一人ひとりにこだわることでデザインのアポリア（難問）を突き抜けていく、現代における絆の環境設計の可能性が示されているように思う。

公開講座は福岡市博多区川端商店街の裏にある冷泉荘を会場とした。それはかつて集合住宅であったが、いまは個性的な店舗や事務所、そしてイベント会場として再生利用されている。その活動は、「福岡市都市景観賞　活動部門」を受賞するなど、全国的にも注目を集めている。この冷泉荘に事務所を構え、これからの社会に適った人びとのつながりを模索しながら、ユニークな観点からコミュニティ・デザインに取り組むＮＰＯ法人ドネルモの山内氏には、この公開講座の講師を担当していただいたほか、ドネルモとして広報や運営、テープ起こしなどに尽力いただいた。また冷泉荘のオーナー吉原氏からは、理事長を務められる福岡ビルストック研究会をとおして後援していただいたうえ、冷泉荘を講座の会場として使わせていただいた。そしてなによりも多くの市民の方がたに興味を抱いて参加していただいた。閉じられた近代家族の機能を圧縮したような古い都市住宅の壁が取り払われ、あるいはシェアされながら、博多の真ん中で新しいまちの可能性を生み出そうとする市民活動の場としてにぎわっている冷泉荘は、現代の絆とその環境を問う議論の場としてこれ以上はないものであった。また専門書だけでなく本書のような市民向けの書籍さえも出版が難しいなか、本書が刊行できたのは、九州大学から出版助成をいただいたおかげである。九州大学ならびに出版助成制度を整えてくださった当時の芸術工学研究院長石村真一先生と、的確なサポートをしてくださった九州大学出版会の永山俊二氏に感謝を申し上げる。この講座の開催と記録の出版は、多くの方がたの出会いと紡ぎのプロセスの賜物であった。そのひとつひとつをすべて記すことはできないけれども、紡いでくださった方がたに、この場を借りて心より感謝を申し上げたい。

二〇一四年三月

近藤加代子

執筆者略歴

谷　正和（たに　まさかず）

一九五七年生。早稲田大学卒業。アリゾナ大学大学院博士課程修了。文化人類学、環境人類学。Ph. D. アリゾナ大学研究員、宮崎国際大学助教授、九州芸術工科大学助教授をへて、九州大学大学院芸術工学研究院准教授。南アジアの農村を主なフィールドとする環境問題、貧困にかんする調査研究をおこなっている。

著書：『村の暮らしと砒素汚染：バングラデシュの農村から』（九州大学出版会、二〇〇五）。

受賞：第一〇回国際開発研究大来賞。

田上健一（たのうえ　けんいち）

一九六六年生。筑波大学卒業。マンチェスター大学大学院修了。博士（工学）。日本設計、琉球大学工学部助手をへて、九州大学大学院芸術工学研究院准教授。建築計画・建築設計。住居、教育施設、文化施設などを参加型の手法で設計するための研究と実践を、日本、アジア、ヨーロッパで展開している。

著書：『フィールドに出かけよう』（風響社、二〇一二）、『建築設計のための行く／見る／測る／考える』（鹿島出版会、二〇一二）、『循環建築・都市デザイン』（技法堂出版、二〇〇八）、『拡張する住宅』（三省堂書店、二〇〇四）。

作品：緒方消化器内科、回折の家、分界稜の家、日の里中学校など。

受賞：グッドデザイン賞、日本産業デザイン振興会（二〇〇九）、九州建築賞・奨励作品（二〇〇九）、日本建築学会奨励賞（論文）、日本建築学会（二〇〇九）、熊本鉄骨建築賞（二〇〇八）、豊の国木造住宅賞（二〇〇九）、第二八回住まいのリフォームコンクール・優秀賞など。

鵜飼哲矢（うかい　てつや）

一九六六年生。東京大学大学院修了およびＡＡスクール卒業。文化庁在外派遣芸術家研修員、東京大学助教をへて、九州大学大学院芸術工学研究院准教授。建築設計・デザイン、都市デザイン。アートとデザイン、福祉、経済、地域活性を結ぶ「だんだんボックス」を発案、活動中。

著書：『ロンドンの近現代建築』（丸善、一九八八）、『立体都市』（DOMUS CHINA、二〇一一）など。

作品：フジテレビ本社ビル（丹下健三事務所にて）。吾輩の家（二〇〇五年）、南麻布集合住宅（二〇一二）、刈谷ハイウェイオアシス（二〇〇四）、刈谷医師会館（二〇〇九）など多数。

受賞：グッドデザイン賞（公益財団法人日本デザイン振興会）（二〇一一、二〇〇七、二〇〇二）、愛知県知事賞（二〇〇八）、日本建築士会連合会賞優秀賞（二〇〇五）、日本建築家協会優秀建築選（二〇〇八、二〇〇六）、日本建築学会東海賞（二〇〇一）など多数。

土居義岳（どい　よしたけ）
一九五六年生。東京大学大学院博士課程単位取得退学。工学博士。東京大学助手、九州芸術工科大学助教授をへて、九州大学大学院芸術工学研究院教授。建築史。
著書：『言葉と建築』（建築技術、一九九七）、『建築と時間』（岩波書店、二〇〇〇）、『アカデミーと建築オーダー』（中央公論美術出版、二〇〇五）。*Pour un vocabulaire de la spacialité —The 43rd International Research Symposium*, International Research Center for Japanese Studies, 2013 など。
翻訳：ピエール・ラヴダン『パリ都市計画の歴史』（中央公論美術出版、二〇〇二）。デイヴィド・ワトキン、ロビン・ミドルトン『新古典主義と一九世紀の建築』（本の友社、一九九八）など。

山内　泰（やまうち　やすし）
一九七七年生。九州大学芸術工学府博士後期課程修了。芸術工学博士。NPO法人ドネルモ代表理事。福岡歯科大学非常勤講師（美学：二〇一〇～二〇一二、二〇一四～）。「自分たちが求めるものを自分たちでつくっていける文化的な社会」を目指すNPO法人ドネルモの代表として、コミュニティ・デザインや文化事業の企画に従事。
著書：『西洋近代音楽における形式美学とその理念――E・ハンスリックとTh・W・アドルノの音楽美学思想に関する研究』（九州大学博士論文、二〇〇九）。

古賀　徹（こが　とおる）
一九六七年生。北海道大学文学部卒業。北海道大学大学院哲学専攻終了。博士（文学）。九州芸術工科大学助教授をへて、九州大学大学院芸術工学研究院准教授。哲学、倫理学、美学、デザイン原論。現象学やフランクフルト学派の研究から出発し、現在ではドイツ、フランス、アメリカの現代思想を幅広く取り扱う。それと同時に、個別具体的な社会問題を哲学的枠組みで読み解く作業や、デザインの美学についても研究し、哲学の言葉を地域社会に開くさまざまな活動を展開している。
著書：『理性の暴力――日本社会の病理学』（青灯社、二〇一四）。『超越論的虚構――社会理論と現象学』（情況出版、二〇〇一）。『認識論のメタクリティーク』（法政大学出版局、一九九五）。『アート・デザイン・クロッシング　1、2』（九州大学出版会、二〇〇五／二〇〇六）（編著）。

朝廣和夫（あさひろ　かずお）
一九七〇年生。九州芸術工科大学卒業。同大学院芸術工学研究科生活環境専攻修了。博士（芸術工学）。緑地保全学。（株）アーバンデザインコンサルタント、九州芸術工科大学助手をへて、九州大学大学院芸術工学研究院准教授。福岡近郊の保全系の緑地を対象に教育活動を実施。近年は、平成二四年七月九州北部豪雨の農林地復旧支援やバングラデシュ・テクナフ半島の里山保全の研究活動を展開。
著書：『デザイン教育のススメ』（花書院、二〇一二）（共著）、『よみがえれ里山・里地・里海』（築地書館、二〇一〇）（共著）。

近藤加代子（こんどう　かよこ）
一九六〇年生。岡山大学法文学部法学科卒業。名古屋大学大学院博士課程単位修得退学。博士（工学）。環境政策、環境経済学、社会思想史。九州芸術工科大学助教授をへて、九州大学大学院芸術工学研究院准教授。研究ではアジアの低炭素なライフスタイルや環境要因、地域の自然エネルギー利用を支える社会的要因・政策が現在の課題である。社会活動では地域における有機性資源循環や自然エネルギー導入の計画づくりなどに関わっている。
著書：『地域力で活かすバイオマス――参加・連携・事業性――』（海鳥社、二〇一三）（共編著）、『循環から地域を見る――自然循環型地域社会へのデザイン――』（海鳥社、二〇一〇）（共編著）など。
翻訳：ディンウィディ『ベンサム』（日本経済評論社、一九九三）（共訳）、D・ウィンチ『アダム・スミスの政治学』（ミネルヴァ書房、一九八九）（共訳）。
受賞：福岡県環境功労賞など。

福島綾子（ふくしま　あやこ）
早稲田大学第一文学部考古学専攻卒業。ペンシルバニア大学スクール・オブ・デザイン文化遺産保存専攻修士課程修了。科学修士（文化遺産保存）。ユネスコ北京事務所、（株）キャドセンターをへて、九州大学大学院芸術工学研究院助教。専門は文化財学。文化財の有形・無形価値の研究・評価、特に宗教遺産の無形価値について研究をおこなっている。
著書：『生きている文化遺産と観光』（学芸出版社、二〇一〇）（共著）、『香港の都市再開発と保全』（九州大学出版会、二〇〇九）。

岸　泰子（きし　やすこ）
一九七五年生。京都大学工学部建築学科卒業。京都大学大学院工学研究科生活空間学専攻博士課程研究指導認定退学。博士（工学）。京都大学大学院助手・助教を経て、九州大学大学院芸術工学研究院准教授。日本建築・都市史。
著書：『近世の禁裏と都市空間』（思文閣出版、二〇一四）、『真宗本廟（東本願寺）造営史』（真宗大谷派宗務所、二〇一一）（共著）、『京　まちづくり史』（昭和堂、二〇〇三）（共著）。

藤原惠洋（ふじはら　けいよう）
一九五五年生。九州大学工学部建築学科卒業。東京藝術大学大学院修士課程修了。芸術学修士。東京大学大学院博士課程修了。工学博士。千葉大学助手、東京大学生産技術研究所研究員、九州芸術工科大学助教授を経て九州大学大学院芸術工学研究院教授。日本近代建築史学、芸術文化環境論、文化政策学、文化資源学。文脈、矜持、紐帯のキーワードを駆使しながら社会とアート・文化資源を結ぶ理論研究および実践活動を史家とまちづくりオルガナイザーの立場から展開。文化庁文化審議会世界文化遺産特別委員会委

員、文化庁創造都市選考委員会委員、福岡アジア文化賞委員会芸術文化選考委員会委員長、文化資源学会理事、文化経済学会〈日本〉理事、日本文化政策学会理事、総務省域学連携事業採択熊本県菊池域学連携事業実行委員長、などを歴任。

著書：『アジアの都市と建築』（鹿島出版会、一九八七）、『上海　疾走する近代都市』（講談社現代新書、一九八八）、『伊東忠太読本』（読売新聞社、一九九七）、『Practica』（フィルムアート社、二〇〇四）。

翻訳：マシュー・フレデリック著『建築デザインを考える一〇一の方法』（フィルムアート社、二〇一〇）など。

作品：ふくおか県民創作劇場「天の滴、月の樹にすくう」戯曲・演出・プロデュース（一九九七）福岡市文学館空間デザイン（二〇〇二）、小島直記文学碑（二〇〇五）、阿蘇墓所「なむ」（二〇一一）。

受賞：福岡市都市景観賞、（二〇〇三）、福岡県まちづくり大賞まちづくり功労賞（二〇〇四）、国交省まちづくり貢献賞（二〇〇四）。

絆《きずな》の環境《かんきょう》設計《せっけい》
――21世紀のヒューマニズムをもとめて――

2014年3月31日　初版発行

編　者　土　居　義　岳

発行者　五十川　直　行

発行所　一般財団法人　九州大学出版会
〒812-0053
福岡市東区箱崎7-1-146 九州大学構内
電話　092-641-0515(直通)
URL　http://kup.or.jp/
印刷・製本／シナノ書籍印刷(株)

©Yoshitake Doi 2014
ISBN978-4-7985-0126-0